工业 4.0 大革命

水木然 著

电子工业出版社
Publishing House of Electronics Industry
北京·BEIJING

内 容 简 介

本书深入而客观地解读了工业4.0的起源及现存状况，用通俗易懂的方式梳理了与工业4.0相关的各种前沿科技成果，如可穿戴设备、物联网、大数据、云计算、智能设备等，同时不仅针对德、美、日等强国进行了优势分析与对比，而且重点针对我国面对工业4.0的优劣势与切入点、现状与出路等进行了详尽的分析和讨论，继而引发人们对工业4.0可能带来的种种机遇与挑战的思考。

本书主要面向互联网、智能科技领域、新兴行业从业者及相关企事业管理者等。

未经许可，不得以任何方式复制或抄袭本书的部分或全部内容。
版权所有，侵权必究。

图书在版编目（CIP）数据

工业4.0大革命／水木然著 . —北京：电子工业出版社，2015.3
ISBN 978-7-121-25691-2

Ⅰ．①工… Ⅱ．①水… Ⅲ．①信息技术—研究 ②信息产业—产业发展—研究
Ⅳ．①TP3 ②F49

中国版本图书馆CIP数据核字（2015）第049922号

策划编辑：李　洁
责任编辑：李　洁　　文字编辑：刘真平
印　　刷：三河市鑫金马印装有限公司
装　　订：三河市鑫金马印装有限公司
出版发行：电子工业出版社
　　　　　北京市海淀区万寿路173信箱　邮编：100036
开　　本：720×1000　1/16　印张：13　字数：211千字
版　　次：2015年3月第1版
印　　次：2023年3月第37次印刷
定　　价：65.00元

凡所购买电子工业出版社图书有缺损问题，请向购买书店调换。若书店售缺，请与本社发行部联系，联系及邮购电话：（010）88254888，88258888。

质量投诉请发邮件至zlts@phei.com.cn，盗版侵权举报请发邮件至dbqq@phei.com.cn。
本书咨询联系方式：lijie@phei.com.cn。

前言
FOREWORD

当工业4.0上升为德国的民族战略，由总理默克尔亲自代言，并把这一概念迅速推向全球时，中国工信部加紧推动"中国制造2025"，李克强总理也担任起"中国制造2025"的超级推销员，五次出访累计带回近1400亿美元大单；而日本软银集团创始人孙正义企图以机器人作为工业4.0的切入点，力争到2050年使日本经济竞争力成为全球第一；曾经的日不落帝国——英国，其政府科技办公室也强势推出了"英国工业2050战略"；与此同时，美国正在一旁虎视眈眈，准备随时一网打尽……

这是一场德国人挑起的"科技竞赛"，历史真是让人敬畏，两次世界大战均发源于德国，均来自于生产力的进步。但是，工业4.0绝对是人类历史上最精彩的"大战"，只因为以下三点：

第一　它不会轻易动武；

第二　它需要一边合作一边竞争；

第三　它的所有成果都将服务于人类。

这是人类的第四次科技革命，大到世界格局，小到人们的生活，都将被其彻底颠覆！

工业4.0将会产生怎样的世界格局呢？按照目前的发展形势，如果说未来世界好比"人体"，那么美国就好比是人的大脑，德国好比是心脏，中国就像是人的四肢。这里有两层含义：

第一　世界在加速一体化，以后谁也离不开谁；

第二　未来的竞争不再是谁灭掉了谁，而是谁必须从属于谁。

工业1.0实现了"大规模生产"（蒸汽机的发明和运用），工业2.0实现了"电气化生产"（电力的广泛应用），工业3.0实现了"自动化生产"（产品的标准化），而工业4.0要实现"定制化生产"，并且定制周期短，生产方便快捷。

在未来，你用的香水是按照你的性格来调制的，你吃的药是按照你的基因配制的……这就满足了当今人们对于多元化、个体化产品的追求，应该说这是一种世界潮流。正是因为生产的定制化和多元化，工业4.0将产生海量数据。以德国安贝格工厂为例，其生产线上的在线监测节点超过1000个，每天采集数据逾5000万个。

那么，问题来了，未来工厂的核心竞争力是什么呢？

第一　满足这种定制化生产的机器设备；

第二　能够使这种机器具备自我完善的系统；

第三　谁能监测并追踪这些海量数据，然后归纳和分析，谁就将掌握世界的脉搏。

工业4.0的所有问题，都可以归结为以上三个问题。现在的问题是：谁都想抢占这条"未来产业链"的最高端。这些海量数据终究是归属于机器、软件，还是终端用户？这将是决定未来世界格局的关键问题。

德国工业4.0战略

为什么德国是工业4.0的焦点呢？不仅因为它是工业4.0的发源地，而且它可上可下，上可反抗美国信息技术对本国制造业的入侵，下可压制中国制造业的低成本竞争。

德国希望阻止信息技术对制造业的支配地位。一旦制造业各个环节都被云计算接管，那么美国就是最大的赢家。德国电信副总裁莱昂贝格尔称，假如汽车制造商不能掌握这些核心数据，那么谷歌就会成为赢家，云端平台和云包社区将使工厂沦为信息的附庸。

因此，为了避免被美国阻截性超车，德国正在全力以赴。德国将工业4.0纳入"高技术战略2020"，工业4.0正式成为一项国家战略，而且正计划制定推进工业4.0的相关法律，把工业4.0从一项产业政策上升为国家法律。德国工业4.0在很短的时间内得到了来自党派、政府、企业、协会、院所的广泛认同，并取得一致共识。这个共识就是：德国要用"信息物理系统"使生产设备获得智能，使工厂成为一个实现自律分散型系统的"智能工厂"。那时，云计算不过是制造业中的一个使用对象，而不会成为掌控生产制造的中枢所在。

美国工业4.0的挑战

美国是工业3.0时代的集大成者，工业3.0是信息技术革命，美国在这方面遥遥领先。不仅仅是德国，而是整个欧洲都丧失了全球信息通信产业发展的机遇。比如，在信息产业最活跃的互联网领域，全球市值最大的20个互联网企业中没有欧洲企业，欧洲的互联网市场基本被美国企业垄断。德国副总理兼经济和能源部部长加布里尔曾说，德国企业的数据由美国硅谷的科技把持，这正是他所担心的。

工业3.0时代，全球信息产业蓬勃发展，但欧洲企业节节败退。当前，美国的互联网及ICT巨头与传统制造业领军厂商携手，GE、思科、IBM、AT&T、英特尔等80多家企业成立了工业互联网联盟，正重新定义制造业的未来，并在技术、标准、产业化等方面作出一系列前瞻性布局，工业互联网成为美国先进制造伙伴计划的重要任务之一。欧洲及德国对新兴产业创新能力及对未来发展前景表现出一种深深的忧虑。

日本工业4.0的战略

日本软银集团创始人兼总裁孙正义在2014年度软银世界大会上称："到了

2050年，日本的经济竞争力将成为全球第一，日本将不再是日沉之国，而将复活为日出之国！"

孙正义的依据是他提出了复活方程式：3000万台产业机器人24小时工作，就相当于增加了9000万制造业劳动人口，而支付给每台机器人的平均月薪仅为1.7万日元，无疑为日本解决了其短板。

中国工业4.0的机遇

2014年6月24日，德国机械协会（VDMA）主席在日本说，德国和日本将携手应对中国制造业的挑战，德国《世界报》网站也报道"中国机械制造业严重威胁德国！"

德国应对中国制造业的法宝则是用柔性生产带来的成本优势碾压中国的人力成本优势。说到这里，我们必须先好好剖析一下自己，工业4.0时代中国的优势是什么？

第一　根据美国《纽约时报》的调查，中国工业拥有世界最完整的供应链条。中国是世界上唯一拥有联合国产业分类中全部工业门类（39个工业大类、191个中类、525个小类）的国家，形成了"门类齐全、独立完整"的工业体系，小到螺丝钉等基础零件，大到通信、航天、高铁等，这样就可以随时就地取材，整装待发。

第二　中国政府强大的组织能力也是不可忽视的一个独特优势。从《装备制造业调整和振兴规划》到《"十二五"工业转型升级规划》、《智能制造装备产业"十二五"发展规划》，以及编制中的《中国制造强国2025规划纲要》，中国政府相关规划的出台越来越紧密。

但是论及工业4.0，中国最缺的是什么？是对科技的信仰、对创新的冲动。

工业4.0将重构消费关系和购物链，从而摧毁重建商业结构。我们不禁反思：中国，我们真的准备好了吗？

关于未来

如果懂历史，就会发现，第一次世界大战的内在原因其实是工业1.0大革命。那时资本主义国家生产力得到解放，开始大规模生产，但是本国的生产原料又不足，只能去其他国家掠夺资源，就掀起了资本主义国家瓜分世界的狂潮，然后分赃不均导致了世界大战。

而德国，既是两次世界大战的挑起者，也是两次世界大战的惨败者。当然这次不会刚刚拿到工业4.0大门的钥匙，就以挑战者的姿态站出来，但是谁都不敢小觑德国的野心。

提到"未来战争"，以后不再是谁能打败谁的问题。这个世界从来都是只垂青强者、踩踏弱者。如果不信，可以去翻一翻中国的近代史。

当然，和平与发展才是主流，未来的法则是在协作中谋竞争，在给予中谋回报，这是一种更为微妙的竞争关系。德国、日本、美国都已蓄势待发，我们准备好了吗？

"入则无法家拂士，出则无敌国外患者，国恒亡"，这是亘古不变的道理。一个民族只有具备了忧患意识，懂得居安思危，才能长治久安。

感谢与沟通

本书在写作过程中，得到很多专家和网友的关注，并提出了很多宝贵意见和建议，特别是顾为东院长在能源方面进行指点，并亲自整理内容供我参考，在此深表感谢；同时，感谢成功故里、财经早餐、九个头条、EMBA等微信公众账号的热心推荐；感谢今日头条、凤凰网客户端等新媒体平台给予的展示机会；感谢华赞先生、张蕾先生、曹小虎；感谢电子工业出版社策划编辑李洁在这一过程中给予的沟通和理解。

本书参考与借鉴的内容大部分已经在书后的参考文献中列出，难免有所遗漏，对所有这些文献的相关作者表示衷心感谢。

由于本人资历有限，本书还有很多需要完善的地方，本人将不遗余力进行学习，恳请广大读者通过本人微信（smr8700）进行沟通和指正。

水木然

目 录
CONTENTS

第一章　什么是"工业4.0" / 1

工业4.0不只是工业领域问题,也不只是生活领域问题,它的牵扯面和覆盖面太广,所以其边界很难被界定。不过可以肯定的是:它上可以上升到世界格局,下可以渗透到生活的各个角落。

第一节　亲临德国工厂 / 2
1. 未来工厂 / 2
2. 智能生产 / 3
3. 大数据=未来 / 4

第二节　传统互联网正在消失 / 6
1. 手机的革命 / 6
2. 社交的三个阶段 / 7
3. 自媒体和粉丝经济 / 9
4. 淘宝的挣扎 / 10
5. 移动互联网 / 13
6. 商业格局的演变 / 14
7. 传统行业被革新 / 17
8. 互联网和工业4.0 / 19

第三节　大数据 / 21
1. 未来的石油 / 21
2. 未来的第一生产力 / 23
3. 大数据可以预知未来 / 24
4. 中国大数据的现状 / 25

5. "情感"会更胜一筹吗 / 26

6. 未来战争形态——数据战争 / 26

第四节 云计算 / 27

1. 云计算——超级大脑 / 27

2. 云计算的诞生过程 / 28

3. 云储存——超级内存 / 30

4. 数据安全 / 30

5. 数据"污染" / 31

6. 云计算的未来 / 32

第五节 情感识别 / 34

1. 普京为何如此自信 / 34

2. 情商的产生原理 / 36

3. 日本机器人 / 37

4. 机器会政变吗 / 39

第六节 物联网 / 40

1. 大生态系统——万物互联 / 40

2. 传感器——世界的神经末梢 / 41

3. 物联网——"厚德载物" / 43

4. 互联网将消失 / 45

第七节 智能生活——人类进化进入2.0时代 / 46

1. 可穿戴设备 / 46

2. 跨界竞争 / 47

3. 智慧家庭 / 48

4. 智慧社区 / 49

5. 智慧城市 / 49

6. 数字原生代 / 51

第八节 能源4.0,智慧能源 / 52

1. 能源和工业革命 / 52

2. 能源和战争 / 55

3. 中国能源危机 / 58

4. 美国页岩气革命与中国"973"计划 / 59

5. 智慧能源 / 60

6. 中国能源 4.0 的技术路径 / 64

第二章　第一次工业革命 / 68

在第一次工业革命中英国究竟发生了什么，使之称为全球第一次工业革命的发源地？这次工业革命给世界带来了什么变化？为什么帝国主义要争相瓜分世界？

第一节　为什么是英国 / 69

1. 圈地运动 / 69

2. 发明和创造 / 70

第二节　瓜分世界狂潮 / 72

1. 英国成为霸主 / 72

2. 帝国主义的魔爪 / 74

第三章　第二次工业革命 / 77

在第二次工业革命中美国和德国是如何后来居上的？它们凭借什么势头主导了第二次工业革命？中国的工业运动为什么失败了？日本为何要侵略中国？两次世界大战是偶然吗？

第一节　为什么是德国和美国 / 78

1. 电气时代 / 78

2. 美国的崛起 / 79

3. 德国的崛起 / 80

第二节　日本侵略中国 / 82

1. 日本工业革命 / 82

2. 日本侵略中国 / 84

第三节　中国败在哪儿 / 86

1. 洋务运动 / 86

2. 失败总结 / 89

3. 辛亥革命 / 90

第四节　世界大战与科技发展　/ 91
　　1. 世界大战　/ 91
　　2. 科技发展　/ 92
　　3. 科技与战争　/ 94

第四章　第三次工业革命　/ 96

计算机的发明，标志着人类由此步入信息时代。苏联的解体，美国的日渐衰落，中国的不断改革开放……世界变化在悄然中进行。和平与发展虽然是世界的永恒主题，但仍有一股暗流在涌动……

第一节　计算机的发明　/ 97
　　1. 各种发明　/ 97
　　2. 计算机的出现　/ 98
第二节　世界格局　/ 99
　　1. 为什么是美国　/ 99
　　2. 苏联解体　/ 100
　　3. 美国的衰落　/ 104

第五章　工业 3.0 到工业 4.0　/ 107

从量变步入质变，德国凭借稳固而扎实的制造业，扛起了工业4.0的大旗。德国之所以三落三起，其民族性格和教育机制功不可没。

第一节　量变到质变　/ 108
第二节　为什么在德国诞生　/ 110
　　1. 德国教育　/ 110
　　2. 民族习惯　/ 112
　　3. 德国制造　/ 113
第三节　新中国的工业真相　/ 114
　　1. 一些关键数据　/ 114
　　2. 科技进程　/ 115

第六章　中国工业 4.0 进行到哪里了　/ 116

随着中国改革开放进入第35个年头，中国的人口红利释放殆尽，制造业在转型，经济结构也在调整，开始进入改革的2.0时代，那么中国的工业4.0该如何弯道超车？企业该如何转型？

第一节　中国经济的三大弊端　/ 117
　　1. 复制、跟风和模仿　/ 117
　　2. 低价　/ 118
　　3. 浮夸、炒作　/ 119

第二节　迟到的十年　/ 120
　　1. 制造业被釜底抽薪　/ 120
　　2. 中国经济的现状　/ 121
　　3. 制造业的回归　/ 122

第三节　中国弯道超车　/ 125
　　1. 中国制造业现状　/ 125
　　2. 中国借电子商务弯道超车　/ 127
　　3. 中国工业 4.0 的萌芽　/ 128
　　4. 中国工业 4.0 的两个障碍　/ 129

第四节　创客时代　/ 130
　　1. 自以为"非"　/ 130
　　2. 平台至上，连接为王　/ 132
　　3. 传统企业转型　/ 133
　　4. 个人能做些什么　/ 135

第五节　"新丝绸之路"经济带　/ 136
　　1. 丝绸之路　/ 136
　　2. 文艺复兴　/ 137
　　3. 李约瑟难题　/ 140
　　4. 取之于渔　/ 141

第七章　发达国家的工业4.0　/ 144

德国、美国、日本等发达国家的工业4.0各有千秋，互相之间既有竞争又有合作，中国必须深入学习它们的长处，知己知彼，赢得主动。

第一节　德国与日本 / 132
1. 历史对比　/ 145
2. 政策对比　/ 147
3. 态度对比　/ 150
4. 总结　/ 152

第二节　美国与日本　/ 153
1. 美国特斯拉　/ 153
2. 特斯拉危机　/ 154
3. 整合与对抗　/ 155
4. 日本机器人　/ 156

第三节　美国与德国　/ 158
1. 历史对比　/ 158
2. 创造性与严谨性　/ 158
3. 个性化与定制化　/ 159
4. 美国"工业互联网"　/ 160
5. 通用电气　/ 162
6. 德国的"物理信息系统"　/ 163

第八章　工业4.0的未来　/ 165

工业4.0不仅是一场科技革命，更是一场社会变革，创新和创造将是永恒的主题，它将产生什么样的深远影响以及人类的未来将会如何演变，我们拭目以待……

第一节　资本的扩张　/ 166
1. 孙正义下的一盘大棋　/ 166
2. 李嘉诚抄底欧洲　/ 167

第二节　"雇佣"正在被淘汰　/ 168

1. 打工者心态 / 168
　　2. 合伙人制度 / 170
　　3. 用"股份"代替"雇佣" / 171
第三节　谁能代表中国工业的未来 / 172
　　1. 小米模式探讨 / 173
　　2. 格力模式探讨 / 173
　　3. 中国的商业氛围 / 175
第四节　"机器人"在崛起 / 177
　　1. 机器有了灵魂 / 177
　　2. 人类会失业吗 / 179
　　3. 人类能成为机器的上帝吗 / 180
第五节　极简主义 / 183
　　1. 人类的临界点 / 183
　　2. 经济危机 / 185
　　3. 工业4.0加重经济危机 / 186
　　4. 人类下一个文明时代 / 187

参考文献 / 191

CHAPTER 1

第一章

什么是"工业4.0"

工业4.0不只是工业领域问题,也不只是生活领域问题,它的牵扯面和覆盖面太广,所以其边界很难被界定。不过可以肯定的是:它上可以上升到世界格局,下可以渗透到生活的各个角落。

第一节　亲临德国工厂

工业4.0确实已上升为德国的国家级战略，就连德国业界都有300多种对于工业4.0的不同阐述，这说明崭新的事物不是随随便便就能被定义的，更何况我们这些局外人？既然工业4.0发源于德国，那我们就从亲临德国开始说起。耳闻为虚，眼见为实，要想在工业4.0方面有发言权，必须亲自去德国的一线工厂深度学习、一窥尊容。下面我们就跟随一名亲历德国的杂志记者一边学习一边探讨。

1. 未来工厂

位于巴伐利亚州东北小镇的西门子安贝格电子制造厂，虽然只有三座外观简朴的厂房，却被誉为德国工业4.0模范工厂，它是未来德国工业的一个缩影。

安贝格拥有欧洲最先进的数字化生产平台，工厂主要生产PLC和其他工业自动化产品，在整个生产过程中，无论元器件、半成品还是待交付的产品，均有各自的编码，在电路板组装好送上生产线之后，可全程自动确定每道工序；生产的每个流程，包括焊接、装配或物流包装等，一切过程数据都记录在案，可供追溯。

更重要的是，在一条流水线上，可通过预先设置控制程序，自动装配不同元器件，流水生产出各具特性的产品。

由于"产品"与"机器"实现了"沟通"，整个生产过程都用IT控制进行了优化，生产效率因此大大提高；只有不到四分之一的工作量需要人工处理。工厂每年生产元器件30亿个，每秒可生产出1个产品，产能比数字化前提高了8倍，而由于对所有元器件及工序进行实时监测和处理，工厂可做到24小时内为客户供货。

此外，由于实时监测并挖掘分析质量数据，次品率大大降低。工厂负责人卡尔·比特纳说："该厂质量合格率高达99.9988%。"全球没有任何一家同类工厂可以实现如此低的次品率。

2. 智能生产

离开安贝格，记者又来到德国北部的雷蒙哥，这里是德国弗劳恩霍夫研究院工业自动化应用中心，专门为企业研发并生产推动工业4.0所需的设备和解决方案。

"传统工业时代下，更换一台流水机器的设备往往需要数天，但是现在我们只需要几分钟。"中心负责人尤尔根·雅思博奈特说。这是因为在传统设备的安装过程中，技术人员需要先把新的部件手动移动到工作环境中，然后再去调整生产线上的控制装置。就像几十年前使用计算机工作时一样。"那时，每个新部件都需要一张带有驱动程序的软盘，安装之后经常与计算机上的其他部件发生冲突，以至于用户不得不手工进行调整。"而现在USB的出现让一切变得简单和轻松，只需把新装置插到计算机上即可。"即插即用"成为这一技术进步的生动描述。现在，工业4.0的专家们用"即插即生产"来特指设备和系统的顺畅配置，就像雷蒙哥公司的场景。如同计算机一样，未来的部件会自发地与工作环境相连接，自己把自己集成到现有控制系统当中。

据德国一家独立市场调研机构的统计，截至2014年8月，德国70%的工业中小企业都已经开始工业4.0的革新，主要包括引入自动化、智能化的设备进行生产。这昭示着一种怎样的未来呢？

首先，工业重心发生了转变。工业4.0之前，所有的革新都是为了通过规模效应以及提高员工生产率来降低成本。而未来工业制胜的秘诀在于，如何在提高生产率的同时，还能缩短产品从"设计"到"上市"的周期，以及如何满足更复杂、个性化的产品需求。当然，这一点其实也是为了满足当今人们对于多元化、个性化产品的追求。的确，这也是一种世界潮流。

其次，虚拟与实际的界限似被消除。譬如，安贝格工厂中的所有生产程序均可提前在计算机中进行仿真，在虚拟世界中就可完成生产的分析与优化。

这样一来，人工似乎将被机器智能取代。德国《明镜》周刊曾刊文，忧心数字化将夺走现有的大部分工作岗位，但前景也并非这么悲观。德国弗劳恩霍夫就业经济研究院院长威廉·鲍尔认为，新的工业系统虽然取消了很多需要"人"参与的生产环节，但是也会带来新问题与创造空间，未来人力将集中于创新与决策领域。

在未来，机器和人类会有新的分工，那时人们将行使"创新"与"决策"的权力，牢牢把握对于机器的指挥权，而机器只负责自我调节和完善。

3. 大数据=未来

正是因为机器的自我完善系统，工业4.0将产生大量数据。根据记者描述，以安贝格工厂为例，其生产线上的在线监测节点超过1000个，每天采集数据逾5000万个。

那么问题来了，新的工业生产方式将产生海量的数据，这些数据终究是归属于工厂、软件制造商、工厂的客户抑或是终端用户？而利用这些数据又可创造什么崭新的商业模式？这将是决定未来工业竞争的关键问题。

这个问题说白了，其实就是"德国制造业"与"美国科技业"的竞争，也意味着两种工业前景的竞争。一个非常微妙又戏剧性的动作就是：谷歌、苹果、亚马逊以及众多美国互联网企业"正在袭击德国工业"，正以新的产业思维与游戏规则进入德国传统工业强项，后者甚至可能沦为其供应商和附属者。

这一论调并非危言耸听，仅以谷歌为例，近年来，它收购了一家智能供暖设备商，摇身变为博世的竞争者；在糖尿病患者的隐形眼镜中加入测量眼泪中血糖含量并将其结果传导至智能手机的技术，从而进入西门子所擅长的医疗领域；现在，谷歌还在研发无人驾驶汽车，与戴姆勒和宝马成了同行。

工业4.0能帮助德国工业抵抗住这样的"侵袭"吗？德国软件公司SAP前首席执行官孔翰宁说，大部分德国中小企业业主没有意识到一个关键问题，"仅生产智能产品是不够的，重要的是提供智能化服务的能力"，否则，德国当前市场领先的生产商将来可能仅是服务商一个可替换的产品供应者。

工业4.0发源于德国，但美国正在全力阻截。比如，戴姆勒公司在硅谷专门设置了研发中心，用于开发车载智能娱乐系统，但这一系统最终要靠苹果的Siri语音系统来控制；德国能源巨头REWE和E.on近来发现要面临一个仅有5年历史的初创企业的挑战，这个小企业将并不属于它的1500多个天然气、太阳能和风能发电设备通过网络连接起来，可按需对设备进行开关调整，形成虚拟的发电厂。

可见，无论是汽车内的某个娱乐装置，还是某块太阳能电板，谁能掌握附着在这些智能化产品上的数据与信息，谁就掌握了提供智能化服务的能力。

水木然点评：

你是生产商、服务商，还是用户？这三者的从属秩序决定了未来世界的格局。我们再来展望一下历史，如果说人类社会历史进程是一条指数曲线，今天就是人类社会发展的临界点。移动互联网、大数据、云计算、物联网等新技术将带来一系列奇迹性的变化。未来的颠覆是如此可怕，又让人如此期待！毫无疑问，工业4.0时代会产生新一轮竞争，但谁能代表最先进的生产力，谁就将赢得未来。

接下来我们就分别讨论工业4.0的每一部分内容。

第二节 传统互联网正在消失

1. 手机的革命

如果现在你还听到别人叫喊"淘宝"革了"实体店"的命、"互联网"革了"报纸"的命、"百度"革了"广告"的命,我可以告诉你,这种观点已经落伍了。

这是因为一场崭新的商业风暴将再次来袭。"手机"马上就要将淘宝、传统互联网和百度的命统统革掉。不错,这个时代就是变化得这么快。你稍不留神,就会错失一个时代。这股革新力量就是移动互联网。颠覆的力量是如此可怕,但又让人如此期待。

说起移动互联网,首先就要提到智能手机,它就是一部装在口袋里的超级计算机。一部新iPhone的CPU内晶体管数是奔腾1995年的625倍;仅新iPhone发布的那个周末,苹果卖出的CPU晶体管数就达到1995年世界上所有个人计算机里CPU晶体管数的25倍。

首先,与传统设备相比。苹果和Android手机的销量,远远超越日本生产的照相机。1999年,全球共有800亿张用胶卷拍摄的照片;而现在社交网络上分享的照片就达到38 000亿张。

其次,与PC相比。我们平均每2年买1台移动设备,但是平均每5年才买1台PC。微软在PC领域的销售份额持续下滑,已从超过85%的份额,下滑到不足25%;而苹果却快速占领市场,几乎接管PC业。

再来看一组最新调查数字:

据估算，到2020年全球人口总数在74亿左右，到时全球80%成年人会拥有智能手机，也就是接近60亿部智能手机遍布全球；而此时的计算机用户约为17亿（包括办公用计算机），其中个人计算机用户在10亿以下。

智能手机与计算机最大的区别在于：灵活而智慧，可以通过各种传感器与人建立无数个连接，然后如影相随。

因此，虽然此时智能手机数量只是PC的3倍以上，但是若充分利用智能手机的便携性、智能性，其带来的商业机会将是PC端的100倍乃至1000倍！

在2000年，一个融资1000万美金、拥有100名员工的传统互联网企业能吸引100万用户；而现在，融资100万美元，有10个员工的移动互联网公司就能吸引1000万用户。

在软件领域，谷歌和苹果打败了微软；在芯片领域，ARM和高通打败了英特尔……

2004年，科技品牌价值占全球品牌价值前100位的30%，其中，谷歌、苹果、亚马逊和Facebook四家占不到2%；但现在，前者已达到40%，后者接近20%。

2. 社交的三个阶段

请回忆一下，你有多久没上新浪、网易去看新闻了？你又有多久没去天涯、猫扑看帖子了？你是不是早就不再相信百度搜索到的信息了？你再也不想打开世纪佳缘消息提醒，人人网上不再有你对老同学的思念，hao123早已不是你的导航，发条微博总是无人问津……

这是为什么呢？我们先来回顾一下中国互联网社交的三个阶段。

互联网将是最具平等、自由、开放精神的平台。它发展得越完善，人类的本性就呈现得越立体。

（1）论坛社区时代——版主占山为王

从2000年开始，互联网发展迅速，国内开始出现各种论坛社区，即BBS论坛时代版主占山为王，享有推荐权和置顶权，其个人意见掌控了一方舆论。笔者曾先后担任过天涯社区、凤凰网、猫扑的版主，常能感到一种被簇拥的特权感，天涯社区曾在2010年达到顶峰，当时中国互联网的热点事件80%来自天涯。然而盛极必衰，这种以回帖和站内信为主要方式的社交，必将被新事物所取代。

（2）博客/微博时代——自媒体自掘坟墓

论坛传播虽然内容重要，但传播方式原始，就是不断地发帖和跟帖。而且版主权限太大，只有被他们推荐到首页才能引起关注。于是以"围观"和"奔走相告"为传播方式的自媒体平台产生了——博客和微博，这时就形成了一个新的概念：自媒体，然后有了"大V"和"段子手"。

微博的先进性无非两点：一是通过转发实现迅速传播；二是可以直达个体，这两点的确是社交的一个突破。但微博发展到最后，必然导致言论不平等。明星的举手投足被无数人追逐，而平头百姓无人问津，新浪微博早已跟普通人无关了，这就是言论的不平等，话语权的资源开始贫富两极分化。

这就违背了互联网的基本原则：平等。所以下一个时代到来了。

（3）微信时代——平等、沟通、多元化

移动互联网最大的特点是无限碎片化，它成就了两个结果：首先是人的时间越来越碎片化，人的个性越来越强；其次，平台越来越细分化、割裂化。但是，再小的个体，也有自己的品牌。微信带着这样的口号横空出世。

微信的繁荣代表了移动互联网时代的全面到来，这又是一个崭新的社交时代，微信将"粉丝"改为"好友"，强调了沟通的平等，强化了个人生活。"一对多"的扁平社交模式已经成为过去，"一对一"的线性沟通模式全面到来。

但微信发展起来之后，有人开始用经营微博的方式经营微信，对外宣传其粉丝多少多少人，开始转发收费，以致于现在微信公众账号广告泛滥，内容千篇一律。

诸位，请留意审视一下你关注的那些微信公众号，它们发布的内容还有多少

"营养"？四处"搬运"各种所谓的心灵鸡汤、野史、谣言诱导大家关注，然后靠发布广告去挣钱，这就是99%的微信公众号的运营逻辑。

> **总结：**
>
> 什么是"互联网精神"？即沟通的平等化、言论的自由化、思想自由兼容并包，事物和而不同。但是微博发展得越膨胀，就越违背"互联网精神"。因为你说的"话"已经不重要了，关键看是"谁"在说，话语权被"大V"把握，所以微博段子手和部分微信公众号的谢幕绝不是偶然，而是必然。

下面再来看一下中国的自媒体现状。

3. 自媒体和粉丝经济

自媒体确实是很有朝气的新兴行业，它打破以往的传播格局，带来很多机会。但是，自媒体也是媒体，每一个自媒体都需要有自己的"定位"，它需要运营者有一定的"独立思考"能力，善于总结分析、逻辑推理，能解读现象，即使你谈不上洞若观火，但也不要人云亦云；即使你做不到提纲挈领，也不要直接复制粘贴；即使不至于高山流水，也不要无底线地秀下限。

有人说微信拉低了中国人的智商，这个论点确实太泛泛了，就如同说金钱是万恶之源一样。可怕的不是金钱，可怕的是为了钱就可以不顾一切伦理而为所欲为。很多自媒体为了提高粉丝量、阅读量，故意发布一些说教励志的、哗众取宠的、故弄玄虚的、危言耸听的内容。

自媒体一定要有自己的定位，但很多人盲目追求大而全。经营自媒体，需要静下心来做内容，仅靠你的思想、你的才华、你的灵感还不够，还需要你花费大量的精力，但在这个浮躁的大环境下，愿意真正静下心来创作内容的人，实在太少太少了。

谈到自媒体，又要提到一个概念：粉丝经济。

世上没有无条件的忠诚。这里讲的"粉丝经济",指的并不是追星消费,而是指在自媒体时代,有些人用"粉丝经济"的概念煽风点火。事实上,所有关注你的人,都是因为你能给他们带来价值,如果你不能给大家带来价值,大家会取消关注你,即使不能取消你,也不会对你产生信任,从而也就不会被你带动消费。所以粉丝经济的本质其实是一种"价值交换",并不是一种一厢情愿的付出。

"粉丝经济"就是互联网社交的官僚主义,看似新颖、创新,其实是观念陈腐的人发明的"伪概念",根本经不起实践和推敲。很多人标榜自己的粉丝有多少多少,其实真正的"粉丝"有几人?要想真正实现"粉丝经济",道路只有一条,那就是做好真正的自己。

说完了媒体和社交,我们再来说说电商。

4. 淘宝的挣扎

曾几何时,淘宝不知道圆了多少中国人的创业梦,使无数草根走上了自力更生的道路,实现了经济独立。不错,我承认自己的渺小,但你不能否认我的梦想。又不知道有多少人从小小的"淘宝店主"做起,摸爬滚打、勤勤恳恳地做成了电子商务的佼佼者,富足又踏实。

而现在,互联网格局瞬息万变,800万淘宝店主再次遇到了生存瓶颈,这种心情就如同当年他们开淘宝店铺之前一直犹豫是否需要自主创业一样纠结。更糟糕的是,当年遇到的是发展瓶颈,现在却是因为生存堪忧。

先从著名的电商节"双十一"说起,2014年"双十一"的高潮一过,淘宝就迅速陷入了疲软,阿里市值在第二天就下跌了3.78%,萎缩了712亿元,已经超过"双十一"销量。高潮之后就是阵阵失落感。

再来看一组"双十一"的数据,天猫自"双十一"诞生以来的销售额分别是0.5亿元(2009年)、9.36亿元(2010年)、33.6亿元(2011年)、191亿元(2012年)、350亿元(2013年)、571亿(2014年),其增长速度分别为18.7倍、3.6

倍、5.7倍、1.8倍、1.6倍，除了2012年的小波动外，增幅逐年缩小。但是参与商家的增幅却越来越大，2014年共有2.7万个商家、4.2万个品牌参与。最值得一提的是，在"双十一"的游戏规则之下，从未杀出一个新商家，更没诞生过一个新品牌。

"双十一"其实就是把一段时间的需求，集中到了一天，然后爆发出来。

再来看看淘宝，淘宝在"双十一"期间1%的商家竟然占据了90%以上的交易额。因此，截至2014年年底，800万淘宝店铺，真正能赚钱的已不足30万；6万多天猫商家，能做到保本的不到10%。这背后究竟隐藏着什么矛盾？

我们先来做一个量化分析，当年很多人之所以放弃"实体店"而去开"淘宝店"，就是因为它成本低，现在这种论点还成立吗？

假定某产品的出厂价是40元，现在以120元的价格在天猫上出售。猛一看这利润有200%。马克思的《资本论》中提到，商家利润有百分之百就敢践踏一切人间法律了，但事实真的如此吗？请看下表：

"硬"成本	占比	费用（元）	"软"成本	占比	费用（元）
包装成本	4.2%	5.04	站内广告	20%	24.00
物流仓储成本	10%	12.00	淘金币抵扣	2%	2.40
天猫扣点	4%	4.80	手机专享折扣	1%	1.20
税收	8%	9.60	各种服务费	0.2%	0.24
拍摄制作费	3%	3.60			
人工成本	12%	14.40			
办公成本	5%	6.00			
平台年费	2%	2.40			
合计	53.2%	57.84	合计	23.2%	27.84

表格中列举了该商品在天猫上产生的"硬"成本和"软"成本。当然数字有一定的灵活空间，我们用利润空间（80元）减去"硬"成本（57.84）再减去"软"成本（27.84元），还亏5.68元。这还不包括库存产生的"隐形成本"。如果想赚钱，就要从这些环节去节省各种费用。对于懂行的商家来说，以上哪个环节

是可以节省的呢？

但也会有人说，那些我们耳熟能详的店铺，它们依靠资源运作把"产品"打造成了"品牌"，甚至成了"品类"。这种店铺的运作路线是这样的：先打造品牌，再占领市场规模，再靠市场规模获得投资，再用投资扩大规模……如此循环，只要运作得当，总有一天这些店铺会变成巨无霸，吞下整个市场。

所以，可以这样告诉大家，天猫上年销售额500万元、1年卖货4万件、每件平均亏损5元的店铺不计其数。如果一个商家愿意坚持1年亏损20万元，2年亏损40万元，3年下来还没突破，而这种规则和模式又不改变，那它还能指望什么？真是不见新人笑，但闻旧人哭。

一针见血，传统电子商务发展了10年，目前已经遇到了瓶颈。电商的矛盾是：消费者对于产品体验日益增长的分享需求，以及商家对于流量的自然传播式增长需求，与落后的大一统电商平台之间的矛盾。

天猫、京东等都属于大一统平台。这种平台遵循的思维是"获取流量"，商家最直接的方式就是购买平台的广告位（CPM），直通车（CPM）、聚划算（坑位费）都属于这种方式，而"双十一"就是流量思维的极端表现。但平台的总流量有限，你抢我夺使其价格必然水涨船高，除了广告费，商城还要收取2%～5%的销售佣金，外加每年不菲的平台入驻费，直到耗尽仅存的那点利润，才会去思考我接下来该怎么办？问题是如果你不来做广告，就没有流量，更没有希望和出路，流量是商家永恒的追求。这也是那么多商家硬着头皮上"双十一"的主要原因。

综上所述，对于传统互联网来说，落后的生产关系已经不再适应崭新的生产力。无论是媒体平台、社交工具，还是电子商务，这些都是传统互联网塑造的大一统平台，它们经历了巅峰正在走下坡路，而且不可逆转。矛盾是事物前进的动力，传统互联网发展面临的矛盾是：人们日益增长的"自我中心化"、"体验分享化"的需求，与落后的"人口为王"、"流量至上"的大一统平台之间的矛盾。

这种情况在国外也不例外，美国的年轻人正在逃离Facebook，美国使用社交媒体的年轻人中，最近3年 Facebook 的使用比例逐年下跌，分别为95%、94%和88%。

传统互联网确实需要变革了。而对于人类历史来说，社会每次进步之前总会诞生先进的生产力，这股先进的生产力就是移动互联网。

盛极而衰，是这个世界上不可改变的规律。

让我们再来看一下，移动互联网是如何进行这场变革的吧。

5. 移动互联网

根据eMarketer对全球手机市场的调查，中国是世界上智能手机用户最多的国家，智能手机数量已超过5亿，世界上每10个智能手机用户中有3个是中国人。

2010年，诺基亚调查发现：每人每天平均查看手机150次。

2013年，德国电信公司调查发现：每人每天平均查看手机275次。

2014年年底，中国人平均每天查看手机次数已经达到450次，位居世界前列。

因此，2015年将是移动互联网的元年，人类的信息开始被大规模移动（无线）网络传输，此时信息增长的速度有多快呢？需要用16^{276}去描述，信息膨胀的速度等同于原子弹爆炸的速度。移动网络将所有信息归纳到了一块巴掌大的"屏"中，这块"屏"将是未来一段时间人类活动的主战场。

回想一下，我们现在坐火车、坐汽车、乘公交、乘地铁、乘电梯，做得最多的事情是什么呢？是看手机啊！而传统的移动电视、户外广告、高炮广告、电梯广告等全被抛开，这就一下子推翻了传统的广告理论，哪怕是经典理论。广告行业是这样，其他行业也一样。这就是人们注意力的转移，注意力在哪儿，机会就在哪儿。目光停留的地方，可以点石成金。

移动互联网带来的影响，说得通俗一点，在以往需要在公司、团队、平台才能实现个人价值，平台和公司的收益在前，个人收益在后；而现在个人被解放出来,"单打独斗"也可以实现个人价值,这就是一场商业秩序的重组,而且其结果是很惊人的。我们先来看看商业格局正在如何演变。

6. 商业格局的演变

(1)传统模型:金字塔型

传统商业模型结构为厂商—国代—省代—区域经理—零售,共五个层级(这是最完整的结构,有的商家代理层级会缺失,但本质不变)。这是一种金字塔型结构,商家最需要做的就是打通这漫长的流通渠道,只要完成了这个渠道建设,就可以招商铺货,然后代理们就可以一级一级地往下盘剥。

按照这种做法,产品不一定非要到消费者手中就可以产生赢利,消化产品那是代理商的事,商家追求的是不断向外铺货,直到发展更多的终端代理商。终端代理商自己去租门面搞店铺,然后举办各种促销活动售卖产品。

然而,随着时间的推移,这种做法的矛盾越来越突出,一方面代理商一级一级往上加价,导致商品价格越来越高;另一方面,这是一种很松散的管理,代理商之间互相竞争,免不了发生串货、低价倾销这样的事。

于是,电子商务出现了,它的商业模型图是这样的。

(2)电商模式:辐条型

由于互联网技术的发展,实现了很多之前做不到的事,比如,通过互联网实现展示、沟通、付款、客服、物流等，于是天猫、京东等平台诞生了，它们一下子解决了很多问题，搭建了一个大平台供大家买卖，一下子缩短了商家与消费者的距离，没有了各级代理，价格一下子亲民了，极大地促进了商业繁荣。

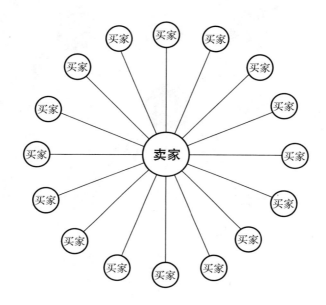

但事物总在不断变化。一方面，商家越来越多，平台展示的窗口却是固定的，以致于很多商家要花钱买广告位，没有广告位就没有展示的机会，广告位越来越重要，价格渐渐水涨船高；另一方面，因为同处一个大平台，产品同质化严重，流行泛滥，山寨严重。一心赚快钱的商家也太多，依靠"低价"排挤"品牌"和"品质"，这就是"大一统"平台的矛盾。

而现在，移动电商顺应需求而诞生了，我们来看看它的商业模型图。

（3）微商模型：网状型

这种模式诞生的机理应该是这样的，以微信、微博为代表的自媒体发展，把很多人从"广场"拉回到了"沙龙"，组建了一个个小圈子，他们职业相近，并互相信任，说白了就是你"朋友圈"里的那些人。社交如此，商业也依附其发生了一些变化，即一部分消费者会成为商家的微级代理商，通过产品分享的方式在身边帮商家找到了更多合适的消费者。

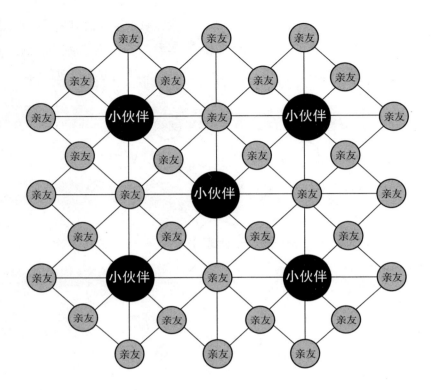

需要注意的是,这不需要像传销一样拉人头,因为这是一种"强关系"下的"弱推荐",不强买强卖,而且很多小伙伴并不会用这个做全职,何况分享本来就是生活的一部分,这也淡化了"商业"和"生活"的界限。

按照这种思路,移动电商只需要搭建一个这样的平台,然后就可以"繁衍"消费者,这个平台是开放性的,不再存在广告位的问题。移动互联网的本质就是摧毁以"平台为本"的大淘宝结构,重建以"个人为本"、以社交为链接的开放生态系统。

上面三种不同阶段的商业模式,也代表了人们不同阶段的行为特点。但今后的商业秩序每隔一段时间就又会被新生力量打乱重组。

下面我们再以广告行业为例,来说明移动互联网给传统商业带来的冲击。

7. 传统行业被革新

传统的广告模式跟我们个人几乎是没有关系的。商家花钱去买电视台、报纸上的广告位，吸引客户去购买，用赚来的钱再去买更多的广告位，然后再吸引更多的人去购买，如此循环反复。后来出现了互联网，但本质没有改变，无非是传播技术先进了，有了关键字搜索、竞价排名等。

但是在移动互联网时代，广告是这样做的：如果商家想举办一次活动，可以将自己的活动发布出来，然后让网友通过自己的渠道转发，比如微信朋友圈、微博、QQ空间等，之后商家按照每个人分享出去的信息的有效阅读次数支付报酬。

这样就使广告实现了自由、精准式传播，不同区域、行业的商家就可以选择不同区域、职业、年龄、收入的网友来参与，而每个人的"社交圈"都有一定的属性，如金融圈、时尚圈、电影圈等。同理，网友也可以选择适合自己的任务，况且很多信息确实是对身边人有帮助的，何乐而不为？

于是，广告行业的本质改变了：商家宁可把支付给电视台、报纸的广告费支付给参与的网友，也不再去花钱做传统广告了。最重要的是活动的参与感、信任感有了很大提升，消费不再依靠广告带动，而是依靠社交。

而实际上，之前盛行的"淘宝客"也是这种模式，但是像微信这样的全民社交工具没有兴起之前，这种模式是不可能得到全面普及的，再加上App平台的开发利用，才使这种模式开始系统化完善起来，比如一键转发、后台检测、收益分配等。

不过，移动互联网的真正魅力还不仅仅是这些，它更具价值和颠覆性的地方在于"分享传播"性。请看下面的规则：

> **规则说明**
>
> **规则6.**
>
> 收徒：
>
> 1、只要您的朋友注册粉猫时，输入您的专属邀请码，他就是您的爱徒啦~
> 2、徒弟每次提现成功后，都会贡献提现金额的10%给师傅哦~
> 3、当然了，徒弟也能收徒弟当师傅！

相信很多人对于这种"邀请"的模式并不陌生，越来越多的平台都在采用这种模式。这也是一种最有效的自然增长方式。与其花钱做广告来吸引用户，不如把这些钱直接分发给用户，让他们再带来用户。肯定有人会说之前商家也可以这样做，为什么非要等到现在？那是因为没有移动互联网，就没有这种机制的平台，就不会将上述过程简化到一气呵成、操控于掌指之间的程度。

看到了吧，即便是看上去跟我们无关的广告行业，都会变得如此"贴近"生活，这就是变革。现在，我们越来越清醒地意识到，信息已经越来越多地来自朋友的分享或者自己的手机。我们终于发现"移动互联网"时代到来了。

放眼四顾，整个社会的商业结构都在微妙变化，它会越来越碎片化、多元化，个体特征越来越凸显，这也就意味着，将会有越来越多的人从群体劳作中脱离出来，他们塑造自己鲜明的个性，形成号召力，以实现个人价值。比如，现在流行的"自媒体"和"微商"，都是自由职业者，还有更多的以兼职身份参与进来的人，都实现了个体价值的最大化。

再拿"移动互联网"和"传统互联网"对比。无论是百度，还是天猫、淘宝、京东、优酷、盛大等，这些传统互联网的历史使命就是搭建一个强势平台，用这个平台帮助人们解决各种问题，如实现电子商务、看新闻、看电影、玩游戏等。平台就好像是它们修建了一条条高速公路，但是你要想从上面通过，必须得付费，这就是它们的商业模式。在这个阶段，平台是核心、个人是边缘。

而移动互联网的最大特点是：平台的去核心化、商业的个体化、分享的连锁化、渠道的扁平化，这跟传统互联网正好背道而驰。它是依托于崭新的社交关系，主张建立起一个个的星罗棋布、百花争艳的众小个体。这些众多支离破碎的个体，看似松散却可以瞬间结成网，也可以瞬间产生连锁聚变反应，释放出巨大的能量。所以，这既是一场巨变，也是一场聚变。

传统的商业变革，都是企业自上而下地寻求突破，淘宝就是这样革掉了实体店的命的，但确切地说那应该叫"改良"，而移动互联网的发展，却使广大草根和屌丝人手一器，自下而上地"折腾"，这才叫真正的商业革命。

虽然只是在互联网前面加了"移动"两个字，但是这俩字却重新塑造了"地球"和"月亮"的关系：以前是我们围着平台转，现在是平台开始围着我们转。总之，互联网的发展以人为本，越来越具有人文关怀。人会越来越"个性化"，而产品和服务也越来越"人格化"。

赶上了这么一个"合久必分"的年代，人们的时间越来越碎片，人们的个性越来越强，平台越来越细分、割裂。移动互联网的最大魅力就在于此，每个人都有引发一场聚变反应的潜质，但可遇不可求。因此笔者对下一个时代充满幻想和期待，只要你有想法，只要你有能力，你在未来一定有立足之地。

200年前，人类所有的财富都是资源化；100年前，人类所有的财富都是机器化；今天，你所有的财富都掌握在你的"手心里"，想想看吧，你的银行卡、你的通讯录、你的各种信息，哪个不在你的手机里？

所以"工业4.0"其实就是"信息的2.0"（传统互联网为"信息的1.0"）。前人成就了这个时代，这个时代又成就了我们，大家一定要敞开怀抱，做好拥抱这场变革的准备。

8. 互联网和工业4.0

电子商务、移动互联网、工业4.0究竟是什么关系呢？

可以这样描述：电子商务解决的问题是如何更好地"消费"，移动互联网解决的问题是如何跟消费者之间更好地"连接"，工业4.0解决的问题是如何更好地"生产"。三者有机地形成互动，缺一不可。

"生产"是企业的后端，"消费"是企业的前端。而"连接"则将这一前一后联系在一起，形成互动整体，所以在未来："生产"、"消费"和"连接"是统一的，三者出发点不同，但是目的地相同，走到一起必然会共融，形成真正的"工业4.0"。

比如，当你需要一瓶香水，你只需打开一个App，输入你的定制化要求（移动互联网完成"连接"环节），App马上会根据你的要求报给你一个价格，双方确定后（电子商务完成"消费"环节），App随后会将你的个人信息和要求一起转化成数据转交给工厂（工业4.0开始完成"生产"环节），当工厂收到这组数据后，先通过计算来安排物料的配送，然后生产每一种配料，直到包装完成（当然这里的每一种配料都有其身份信息，机器会随时解读这些信息，并与App输送的信息实行配对，如果不符合马上调整，直到符合你的个性化要求）。最后，当成品出来时App已经制定好了物流和发货路线，直到送到你手里为止（这又回到了移动互联网的"连接"环节）。

实现以上这一步并不遥远。淘宝为了迎接这场变革，其实已经迈出了重要的一步。淘宝整合了全国8000多家"淘工厂"，正在完成消费者从淘宝上下的单子，中间的每一个中间环节，比如下单、生产、检测、物流、客服被统一协调，正在朝上面我们举的这个例子推进。

马云就曾明确提出，在新的互联网时代的商业文明中，大规模标准化的制造将遭到摒弃，制造者将以消费者的意志为标准进行定制化的生产。未来的工厂必须拥有柔性化、智能化等特质，能灵活、快速地为消费者提供"私人定制"服务，这就是工业4.0的前瞻，也是三者的深度融合。

第三节 大数据

1. 未来的石油

美国政府将大数据称为"未来的新石油",这就意味着谁掌控了数据流谁就将主宰未来世界。

早在工业3.0时期,人们就用"信息大爆炸"来形容世界上数据的增长速度,如今到了工业4.0时期,产品和服务都由"标准化、量产化"步入"定制化、个性化",这个世界的每时每刻都在产生数据。数据又开始以几何级增长。

1989年到2010年这20年间,全球数据的数量增长了100倍,从2010年到2015年的这5年,大约又增长了200倍!这种增长速度已经不是"爆炸"二字可以形容的了。国际数据公司(IDC)的《数据宇宙》报告显示:2008年全球数据量为0.5ZB,2010年为1.2ZB,人类正式进入ZB时代。更为惊人的是,2020年以前全球数据量仍将保持每年40%以上的高速增长,大约每两年就翻一倍,预计2020年将突破35ZB。

什么是ZB呢?我们先来看几组关于数据衡量单位的公式:

$1B = 8 \ b$

$1KB = 1024 \ B \approx 1000 \ B$

$1MB = 1024 \ KB \approx 1\ 000\ 000 \ B$

$1GB = 1024 \ MB \approx 1\ 000\ 000\ 000 \ B$

$1TB = 1024 \ GB \approx 1\ 000\ 000\ 000\ 000 \ B$

1PB = 1024 TB ≈ 1 000 000 000 000 000 B

1EB = 1024 PB ≈ 1 000 000 000 000 000 000 B

1ZB = 1024 EB ≈ 1 000 000 000 000 000 000 000 B

1YB = 1024 ZB ≈ 1 000 000 000 000 000 000 000 000 B

美国国会图书馆是全球最重要的图书馆之一，1EB约等于4462个美国国会图书馆的数据存储量。《红楼梦》共有87万字（含标点），每个汉字占两个字节，即1个汉字=2B，由此计算1EB约等于6626亿部红楼梦。

任何事物量变到一定程度必然要发生质变。而大数据的价值已经不再只是巨大的社会和商业价值那么简单。在工业3.0时代之前，科学技术是第一生产力，而在工业4.0时代，大数据才是第一生产力。

笔者认为，互联网的本质是横向的"连接"，大数据的本质是"纵向"的统一。互联网用连接改变一切。它的结构是"网"状的，可以"网罗天下"，因为那时万物的形态都是有形并可以被描述的。而在大数据时代，所有的物体形态都将变成无形的"点"，一个物体就是一个数据，万物都被"纵向"统一了起来，这时再用这张"网"去归拢天下就行不通了。"网罗天下"也就不复存在，未来应该是"以点带面"。互联网的本质是手段、是过程，大数据的本质是结果、是决策。我们甚至可以有了结果再去寻找过程。

大数据时代，人们思维方式的最大转变在于，在以前，我们遇到问题总是在问"为什么？"，通过知晓事物的来龙去脉去发明和创造。而在大数据时代，人们最想做的是"是什么？"，直接探知结果，根据已知的推断未知的，过程被忽略。

我们知道，每个人都有自己的基因，即24种不同的染色体，其中最大的染色体约含有2亿5千万个碱基对，最小的则约有3800万个碱基对。这种基因就决定了每个人日后的生长和发育。在工业4.0时代，不仅人有基因，万物皆有基因，每一个产品在生产之前都被各种数据"描绘"好，同人的基因一样，也是与生俱来的。

人类基因组计划（Human Genome Project，HGP）与曼哈顿计划和阿波罗计划并称为三大科学计划，是由美国科学家于1985年率先提出的，旨在为30多亿个碱基对构成的人类基因组精确测序，基因的本质就是大数据。研究大数据就是研究世界的基因，掌握世间万象的规律。

关于大数据，目前还有一个很大的误读：很多人以为收集起了海量的数据就是大数据。比如我们经常看到某些机构发布的盘点、排名、信息公示等。真正的大数据并不只是搜集起了这些信息，而是能在海量数据的基础上，找出内在逻辑，并给出结论性意见。

比如，谷歌地图的价值并不是告诉你前面这条路上一共有多少车辆，而是根据路面的车辆情况，计算出前面哪个路口可以更快地到达目的地。再比如，某医院搜集了很多孩子的哭声，然后根据某个小孩的哭声数据库来判断这个孩子的病情。医院还可以通过积累很多病人的脉搏、血压、心电图等数据，来判断或预警某病人可能产生的病情等。

2. 未来的第一生产力

通用电气CEO杰夫·伊梅尔特曾说：如果昨晚你睡觉时，GE还是一家工业公司，那么今天醒来就会变成一家软件和数据分析公司。

这个时代发展太快，当很多企业还在考虑该如何"互联网化"的时候，大数据时代就已铺天盖地而来，今后商业的产业链上的每一个环节都需要大数据。

工厂对大数据存在渴求：我只知道谁帮我卖，但不知道谁在买，我的产品该如何改进？我下次该生产多少才没有库存？

零售业对大数据存在渴求：我只知道谁在买，但不知道他因何而买？我该在什么环节采取什么措施才能提高购买率？

电子商务也需要大数据：比如开一家淘宝店，我们能做的只有做广告去吸引流量，或者用"赠送"和"服务"拼命提高转化率，却不知道每一个消费IP背后的真正动向。消费者有与其他商家比过价吗？是评价还是价格打动了他？

香港有家海鲜店，老板会安排专人通过摄像头查看食客点餐的顺序、夹菜的顺序、剩菜的种类和分量，通过这些信息分析进而用于第二天的采购决策，循环反复，以此降低生意成本，即实现采购的信息化管理。

3. 大数据可以预知未来

任何行为，皆有前兆。但在现实世界中，缺少实时记录的工具，许多行为看起来是"人似秋鸿有来信，事如春梦了无痕"。在互联网世界则完全不同，是"处处行迹处处痕"。要买商品，必先浏览、对比、询价；要搞活动，必先征集、讨论、策划。互联网的"请求"加"响应"机制恰恰在服务器上保留了人们大量的前兆性的行为数据，把这些数据搜集起来，进一步分析挖掘，就可以发现隐藏在大量细节背后的规律，依据规律，预测未来。

这就让人们看到了解决未来预测问题的一丝曙光。通过利用大数据技术，可以预测自然、天气的变化，预测个体未来的行为，甚至预测某些社会事件的发生。它会让我们的生活更为从容，让决策不再盲目，让社会更加高效地运转。这就是大数据技术带给我们的好处。全球复杂网络权威巴拉巴西认为，人类行为93%是可以预测的。我们的确不知道这位学者是怎么计算出93%这个数字的，但大数据可以预测未来是显而易见的，这是首个使人类具备了预测短期未来的技术。

其实，或多或少，人们都具备预测的能力。比如，儿子跟小伙伴们疯玩，我知道他肯定在7点之前会回家，因为他饿了。再如，家乡流传的很多谚语，其中一句"八月十五云遮月，正月十五雪打灯"，说明大自然就有许多规律性的东西。自然、社会、商业无不服从某些规律，大国兴衰、王朝更替亦有规律可循。只是过去囿于技术条件人们无法记录下造成某件事情发生的先兆数据，无法去计算其中的因果关系。这些规律要么被神秘化，要么被庸俗化。

任何事情的发生，都会有蛛丝马迹的前兆表露出来。如果我们不去关注一支股票的行情走势，就不会去买卖这支股票；如果我们从不去询问某件商品的价格，也很难产生购买行为；如果事先没有联络沟通，人们就很难聚在一起；如果没有闷热的天气，似乎就没有透心凉的大雨。关于地震前的种种异象，更是被许多书籍、文章大肆渲染。

假定有一种技术可以记录下所有这些先兆，人们就获得了未卜先知的能力。利用大数据技术，能够广泛采集各种各样的数据类型，进行统计分析，从而预测未来。大数据影响之深远，波及之广泛，远非一般的信息技术可比。

那么问题来了：

假如，我们收集了100万个人的面相特征（或者手纹、生辰八字），再结合这些人在不同人生节点遇到的事情，是不是就可以找出面相（或者手纹、生辰八字）和命运的规律？

再假如，我们收集了100万个住宅周边环境，再结合户主的不同人生节点遇到的事情，总结出来一套规律，是不是就是风水？

4. 中国大数据的现状

中国互联网的三大巨头BAT（百度、阿里巴巴与腾讯），腾讯依靠的是社交，阿里巴巴依靠的是电子商务，而百度依靠的就是大数据。

百度搜索本身就是基于大数据实现的技术。作为天然的大数据企业，百度拥有完整、领先的大数据技术，通过对全网大数据进行处理，百度成功推出百度指数、百度商情、百度司南等一系列大数据商业化应用，以及"百度迁徙"、"景点舒适度预测"、"城市旅游预测"等大数据社会化产品，便于公众和企业使用百度开放的大数据资源。

百度的做法是把开放云、数据工厂、百度大脑组成"大数据引擎"，把大数据存储、分析和智能化处理等一整套核心能力通过平台化、接口化的方式对外开放，这将是各个企业拥抱大数据的一座桥梁。

然而，中国实现真正的大数据还有待时日。寻找大数据的价值，就像在沙滩中淘金一样，首先沙滩要足够大，但是隔行如隔山，大数据需要跨行业、跨领域去融合数据资源。而中国不同平台的数据往往是孤立的，之间没有共享的接口，是一座座"数据孤岛"，这就给大数据的实现带来很大阻碍。

另外，从技术层面来说，中国企业在数据存储、数据分析挖掘以及智能化能力方面也都存在着难以突破的瓶颈。

以上两点，都迫切需要外力来整合。

5. "情感"会更胜一筹吗

水木然点评：

道可道，非常道。凡是能表达出来的道理，都不是永恒的道理。可能无论多么完美的数据，也不能完全代表事物的动向。因为人之所以是万物之精华，宇宙的灵长，是因为人的感情，比如，当我们经常心血来潮时，那么这个事情的情感会瞬间动荡，这是一种包含了人性和情感等多种因素的微妙变化，就如同"速度"无法超越"光速"一样，"数据"恐怕也是无法超越"情感"的。当然，这只是笔者个人的想法。

6. 未来战争形态——数据战争

未来世界的本质就是数据，一切的竞争归结到最后都是数据的竞争。在生活方面，你的存款、你的通讯录、你的社交、你的一切都是由一堆数字组成的。

在军事方面，大数据正在逐步取代传统的军事侦察手段，成为军队高层进行决策的重要依据。不仅侦查搜集，作战兵器、战场动态、指挥命令等都以数据的形式存在，这些瞬息万变的海量信息，构成了最基本的战场生态。

在未来战争中，大数据是信息库，也是杀手锏。美国国防科学委员会发布的研究报告建议美国国家安全局引入大数据技术，在科学家和工程师的电子邮件中，搜索相关国家发展核武器的证据，作为采取进一步措施的依据。

在大数据技术支撑下，跨网或离网攻击都将成为可能。即便是与互联网完全物理隔离的军事指挥控制系统和数据系统，都将成为利用大数据技术进行攻击的对象。

未来谁拥有了对海量数据占有、控制、分析、处理的"数据主导权",谁就拥有"战争主动权",这也将是赢得战争的决定性因素。

在军队组织形态上,扁平结构、层次简洁、高度集成、体系融合是大数据时代军队体制编制的基本特征。而今后军队的发力点在于:缩短从"传感器到射手"的时间差,实现"发现即打击"、"发现即摧毁"的作战目标。

美国国防部每年投资2.5亿美元用于大数据建设。在美国国防部的资助下,美国"记录未来"公司专门研究如何通过分析互联网信息,特别是"脸谱"、"推特"等社交网站,预先察知恐怖袭击、突发疾病等重大事件。正是在大数据技术的支撑下,海量的数据与农业时代的粮食土地、工业时代的石油钢铁一样,成为关键战略资源。所以,这就是我们开头所说的那句话了:美国政府已将大数据称为"未来的新石油。"

第四节　云计算

1. 云计算——超级大脑

上一节我们提到了大数据,但只有数据还不行,还必须得会"运算"。没错,"运算能力"也将成为一种重要资源。

打个比方,我们每个人都有一定的逻辑思维能力,这种能力其实就来自于自己大脑的"运算"能力,我们的每一个判断和决策都是需要一定的"运算"过程的,每时每刻都各自处理着外界传来的信息,每个大脑是互相独立的,会产生大量繁杂、重复的信息。假如有一天世界上诞生了一颗"超级大脑",我们每个人只需要把自己接收到的信息和数据传递给"它",让它帮我们"运算"和处理,这样就可大大提高人类"思考"的效率。

云计算的原理就是这样的,它就类似于一颗超级大脑,独立于我们之外,但它可以让我们体验每秒10万亿次的运算能力。我们只需要通过计算机、iPad、手机等方式将数据传送给它,它就可以按照需求进行运算,告知我们结果。

这时候"运算能力"也变成了一种重要的资源。如果用电力资源来比喻,之前就是单台发电机,每个人都给自己发电,而现在是发电厂供电,集中产生电力供给大家使用。这也就意味着"运算能力"也可以作为一种商品进行流通,就像煤气、水电一样,取用方便,"电"是用电线传送,"运算能力"则是通过互联网传输。

"云计算"也是一个比喻说法,它像一个端坐在云端的思考者,遥不可及却又近在咫尺,帮助我们去思考;又像一个庞大的"运算能力"资源池,你可按需购买,然后像水、电、煤气那样计费。

"云"具有相当的规模,Google云计算已经拥有100多万台服务器,亚马逊、IBM、微软、Yahoo等的"云"均拥有几十万台服务器。企业的私有云一般拥有成百上千台服务器。"云"能赋予用户前所未有的计算能力。

所以,云计算与大数据的关系就像一枚硬币的正反面一样密不可分。大数据必然无法用单台的计算机进行处理,必须采用分布式计算架构,它的特色在于对海量数据的挖掘。大数据必须依靠云计算,这就叫:云纳百川,有容乃大。

由于云计算可以实现对数据的掌控,也就相当于实现了对世界的掌控,所以在诸多国际IT巨头当中,无论是IBM、微软等老牌IT企业,还是亚马逊、Salesforce等IT新贵,都在试图利用"云计算"向全球扩张地盘。国内的云市场也是风起云涌,阿里巴巴、腾讯、百度等互联网平台,以及华为等技术供应商,都想借助"云计算"实现更高级别的掌控,中国电信、中国移动、中国联通三大运营商也在企图借助云计算巩固各自的垄断地位。

2. 云计算的诞生过程

从1946年第一台计算机诞生到20世纪70年代,是"大计算机"时代,此时是一台计算机供多方使用；从20世纪80年代开始至今的30年，是"小计算机"时代，也是个人计算机时代，此时每台设备都供一个人使用，大家通过自己的计算机实现社交和电子商务，即现在的状态。而从现在开始，人类又将跨入"大计算机"时代，也就是云计算时代。此时众多个人计算机将通过网络连接起来，构成一个虚拟的"超级大脑"。

这是一个从集中到分散再到集中的过程，分久必合、合久必分。但是每一次分合，都伴随着计算机的形态、模式和运算能力的升级，这不仅代表着人类运算能力的进步，也反映了社会思想方式的演变：先集中思考，但个体缺乏性格，个体需求被压抑；然后大家再独立思考，此时个性得到加强，但社会越来越碎片化；社会为了向前发展，需要步伐一致，最后还得集中思考，这时社会才具有整体性和协作性。

如果把云计算看作一项资源，那么这种资源是如何被开发并利用的呢？

在20世纪60年代，当时计算设备的价格是非常高昂的，远非普通企业、学校和机构所能承受，所以很多人产生了共享计算资源的想法。1961年，人工智能之父麦肯锡在一次会议上提出了"效用计算"这个概念，其核心借鉴了电厂模式，具体目标是整合分散在各地的服务器、存储系统及应用程序来共享给多个用户，让用户能够像把灯泡插入灯座一样来使用计算机资源，并且根据其所使用的量来付费。但由于当时整个IT产业还处于发展初期，很多强大的技术还未诞生，比如互联网等，所以虽然这个想法一直为人所称道，但是总体而言却"叫好不叫座"。

后来有人提出了网格计算模式，研究如何把一个需要非常巨大的计算能力才能解决的问题分成许多小的部分，然后把这些部分分配给许多低性能的计算机来处理，最后把这些计算结果综合起来攻克大问题。可惜的是，由于网格计算在商业模式、技术和安全性方面的不足，使得其并没有在工程界和商业界取得预期的效果。

再后来就是云计算模式，云计算的核心与效用计算和网格计算非常类似，也是希望IT技术能像使用电力那样方便,并且成本低廉。但与效用计算和网格计算不同的是,2014年在需求方面已经有了一定的规模,同时在技术方面也已经基本成熟了。

由于"云"的特殊容错措施可以采用极其廉价的节点来构成云,"云"的自动化集中式管理使大量企业无须负担日益高昂的数据中心管理成本,"云"的通用性使资源的利用率较之传统系统大幅提升,因此用户可以充分享受"云"的低成本优势,经常只要花费几百美元、几天时间就能完成以前需要数万美元、数月时间才能完成的任务。

所谓真正的云计算,它是IT基础设施的交付和使用模式。从理论上说,凡是需要使用信息的地方都是云计算的用武之地,探知当下,云计算可以涉及教育、金融、政府机关,以及企业私有云和电子商务等方面。

3. 云储存——超级内存

因为云计算的核心是大数据的管理和运算,那么云计算就需要配置大量的存储设备。由于云计算除了提供计算服务外,还必然提供存储服务,这就有了云存储的概念。

一提到"云存储",大部分人都会以为它是一种容量很大的存储设备。而事实上,云存储是指通过集群应用、网格技术或分布式文件系统等功能,将网络中大量各种不同类型的存储设备集合起来协同工作,共同对外提供数据存储和业务访问功能的一个系统。所以,云存储其实是云计算的后端,它并不是有形的某个存储设备,而是指由许许多多存储设备和服务器所构成的集合体。

严格来讲,云存储不是存储,而是一种服务,它让使用者可以在任何时间、任何地点,通过任何可以联网的装置直接伸到"云端"去获取数据。

4. 数据安全

云计算既然集合了大量用户信息,也不可避免地让人联想到隐私问题。很多用户担心自己的隐私会被云技术收集。正因如此,很多厂商都承诺尽量避免收集用户隐私，即使收集到也不会泄露或使用。但不少人还是怀疑厂商的承诺，他们的怀疑也不是没有道理的。不少知名厂商都被指责有可能泄露用户隐私，并且泄露事件也的确时有发生。

2013年，曾供职于美国中央情报局和国防项目承包商Booz Allen Hamilton的Edward Snowden将美国国家安全局关于PRISM监听项目的秘密文档披露给了《卫报》和《华盛顿邮报》。自此，公众获知：世界范围内的电子通信均受到政府的秘密监控。这在当时引起不小的轰动，很多人此时才关注数据隐私的问题，由此导致了关于如何保护数据隐私的大量新法规产生。

市场研究公司IDC的调查结果显示，在2015年IT业界将会切实体会到这一系列事件的影响。IDC的分析师在其关于2015年的云预测中称：这一年，全球企业云工作负载中有65%将需要符合数据隐私法。

事物都是两面性的，云计算给我们带来了巨大方便，同时也给企业增加了一项"内忧"。比如，现在很多政府机构、商业机构（特别像银行这样持有敏感数据的商业机构）对于选择云计算服务应保持足够的警惕。一旦大规模使用私人机构提供的云计算服务，无论其技术优势有多强，都有可能面临被挟持的危险。因为一方面这是一个信息社会，"信息"就是一切。另一方面，虽然大量用户把数据寄存在云计算里，但是不同用户之间的数据是互相保密的，换句话说：很多用户是不愿意共享这些数据的。但这对提供"云计算"服务的机构来说，在共同处理这些数据的时候，如何保证数据的独立性？

5. 数据"污染"

数据不会带来直接的污染，但处理数据需要消耗能量，这就产生了污染。

全球的云计算平台数据中心数据容量已经达到非常惊人的数字，而且每过18个月就会增长一倍。目前全球5%的能源被云计算用掉了，而全球飞机的总能耗仅占1.5%。现在的能源主要来自于燃煤，云计算的大力推广必然会带来空气污染和全球气候变暖问题,所以云计算必须追求绿色环保。

现在,有的城市动辄就提出要建一个百万台机器规模的云计算中心,可这个中心建成后,能源从哪里来?因为云计算平台数据中心的用电量非常惊人。通常情况下,一台机器如果使用一度电,为它散热就需要另外一度电。国外的一些公司都在做各种各样的尝试。比如,谷歌在美国的东海岸收购了几十亿美元的海上风电厂,用风力发电来供应云计算平台,它设在比利时的数据中心,不用空调,采用的是室外自然风散热的方式。英特尔公司使用太阳能发电,微软公司使用连接水坝的水管去散热。虽然有这些尝试,但由于设备数量增长太快,消耗的能源必然远远大过节省的能源,所以,云计算给环境带来的影响是迫切需要解决的问题。

第一,要选择节能的云计算平台。工信部的数据表明,经过几年的改进,我国的数据中心已经达到机器使用一度电,散热需要0.7度电,比原来要好很多。但这样还远远不够,更重要的是想办法把机器的用电量减下来。

第二,能源的利用形式要多样化。我国的太阳能制造业是全球领先的,国家要从政策层面上给予大力扶持和推动。我们还应该像发展高铁一样发展核能,用核能取代燃煤能源是我们唯一的出路。

第三,合理安排数据中心的位置。比如到内蒙古去,到黑龙江去,那里处于高纬度地区,温度比较低,很容易散热,而且煤炭供应也非常充足。这样就可以通过光纤把信息输送到内地,而不是把电力输送到内地,以节省更多能源。

6. 云计算的未来

未来的云计算发展会和量子计算、生物计算以及很多新的技术结合起来,包括已经诞生的具有大脑思维能力的神经元芯片,这些都会为云计算注入新的活力,云计算会越来越智能,规模越来越大,会使整个地球都具有智慧。

云计算最大的意义就是能够帮助我们迅速运算大数据,从而得到崭新的结果。因为数据的庞大和运算效率的提升,我们可以发现之前发现不了的东西，比如，我们可以从海量的癌症病例数据中找出癌症基因；可以根据海量物种基因推算出生物的变异方向；可以从海量的地震数据中发现更加确切的地震规律等。

谷歌CEO Larry Page向世人描绘了一幅蓝图："未来的谷歌会是怎样的一个巨人。所有的平台之间再无罅隙，所有的设备能够直接对连，所有的用户能够轻松自在，所有的体验能够统一完善。创新在推动着科技，科技在改变着生活，现实和虚幻的界限越来越模糊，理想和现实之间的距离越来越逼近。"他还认为："虚拟现实的出发点是将自己置身于计算机世界，而我想要做的却恰恰相反，那就是把设备和联网世界安置在你周身、身外。将来，你将被科技的智慧所包围。"

云计算也会促进生产方式的革新，比如云游戏，届时所有的游戏都可以在服务器端运行，并将渲染完毕后的游戏画面压缩后通过网络传送给用户。而在客户端，用户的游戏设备不需要任何高端处理器和显卡，只需要基本的视频解压能力就可以了。到时主机厂商就变成了网络运营商，他们不需要不断投入巨额的新主机研发费用，而只需要拿这笔费用中的很小一部分去升级自己的服务器就可以了，但是达到的效果却是相差无几的。而对于用户来说，他们可以省下购买主机的开支，但得到的却是顶尖的游戏画面。

也就是说，云计算会使设备的"运算主体"部分剥离开来，这就使我们的设备成本大幅降低，而且运算效率大大提升，这样机器和人都可以轻装上阵。

而在云计算安全方面，有一点需要强调的是，云计算的使用者越多，每个使用者就越安全。因为如此庞大的用户群，足以覆盖互联网的每个角落，只要某个网站被挂马或某个新木马病毒出现，就会立刻被截获。所以，至少从目前阶段来看，云计算的安全还只是时间问题。

综上所述：云计算的本质就是人们大脑容量被大大扩充了，仅从这个角度来讲，它带来的变化肯定是巨大的。另外，中国人讲究大形无相、大象无形的境界，而云计算就是这种哲辩思想的最好说明。

第五节　情感识别

1. 普京为何如此自信

有一个问题很有趣：机器的"智商"比人类要高很多（从数据运算能力就可以看出来），但是"机器"为什么一直没能与人类平起平坐呢？那是因为它只有"智商"，还没有"情商"。

人类的情商很大程度上体现在"洞察力"方面。洞察力的确是上帝赐给人类的一大法宝，人能从外界提取各种信息，然后依靠自己的逻辑思维，随时得出各种结论，从而作为自己行为的依据。这就是所谓的明察秋毫、察言观色。

但是工业4.0的巨大革新性就在于机器也开始有了"情商"。机器将拥有一种"明辨是非"的能力，而且这种辨别能力比人类要靠谱得多。为什么呢？因为人类既有偏见又有人性上的弱点，这两点都会影响一个人的判断力，只有机器才是最冷静的。

比如，普京在接受俄塔社采访时说："俄罗斯将举办一场'史无前例'的世界杯足球赛。2018年俄罗斯世界杯足球赛期间，国外的运动员、裁判、教练以及球迷可以免签证进入俄罗斯。"

我们知道，俄罗斯的反恐形势也是很严峻的，但是普京为什么敢采取这样一种措施呢？这是因为俄罗斯已经有了一个非常成功的安保案例，那就是索契冬季奥运会。

这次冬奥会期间俄罗斯政府投入使用了第三代生物识别VISystem（Vibra Image System）来检查人们的精神状态。该系统迅速对摄像头传入的人像数据进行实时分析，并运算出结论。VISystem是通过摄像机测量头部微小运动的振幅和频率，并基于振幅和频率评估当前个体的安全状态，帮助安保人员从成百上千人中寻找潜在的恐怖分子。

被检测者仅需用5～10秒走过摄像安检通道，就可以在无任何已知信息的情况下快速识别出有犯罪意图和暴力倾向的潜在危险人群。如果VISystem安检系统显示安全状态阈值大于60%，就意味着旅客的情绪和行为有异于常人，那么该旅客需要进行进一步安全检查（重复管制）。

下面是相关数据：

2 700 000名旅客经过安检。

在白天高峰时段有12万名旅客。

在一个工作点白天最大负荷为1200名旅客。

人员检查和系统识别决策用时：5～10秒。

在一个检查点每天捕获5～15名疑似危险分子。

所有的人员进入奥运会场必须通过50米长的VISystem视频安检通道，当然不会被搜身，就是从里面通过一下而已。绝大部分观众顺利通过安检通道，只有少部分情绪不稳的观众被VISystem识别出来，然后这些人由安保人员单独请出，实施进一步调查，结果发现其中：

76%是有犯罪倾向的禁止对象；

12%为人为技术操作失误；

4%是其他异常情况人群，如刚经历过感情波动；

仅有8%是被系统误检出来的正常人群。

也就是说，在VISystem安检系统捕获的人群中，有92%在进一步安检措施（重复管制）中发现违规行为，出错概率不超过8%。

即俄罗斯已经掌握了一项先进的技术：机器可以通过扫描一个人的表情来判断他是不是一个恐怖分子，而且非常精准。

索契奥运会的安检水平已经上升到了一个新的高度。这就是普京的信心来源。这也代表了机器已经可以攻克人类的心理防线，从而瓦解人类的阴谋！

中国目前反恐形势极其严峻，国家需要安全、稳定的社会环境，人民需要平安、祥和的生活环境，怎样才能更好地确保国家的安全和人民的安宁，一直是公安技术主管部门最关心的问题。国内多地公安技术主管部门正在通过亚洲产业科技创新联盟（简称亚创联，AITIA）引进VISystem项目。一旦VISystem被广泛地应用到各种安保设施上，中国的社会安全就真正做到了"防患于未然"，让犯罪分子在实施犯罪之前得到识别和制止。

2. 情商的产生原理

那么，这一步是怎么做到的呢？先来看一下人的情商的产生原理。

人在表达某种情感时，会激活两种类型的肌肉：平滑肌和横纹肌。当大脑有意或无意地给身体发号施令时，身体动作或面部表情也会接受大脑的调控并作出反应。例如，人在害怕时会出现生理上的逃跑反应，血液从脸上回流到四肢特别是腿部，以做好搏斗或逃跑的准备。要进行这一动作，必须借助平滑肌的活动。这些肌肉分布在静脉、小静脉、动脉和小动脉周围，以保证运动时肌肉群的血管舒张和收缩。当平滑肌内的血液流空时，平滑肌就不能按横纹肌要求的速率作出反应。根据要达到的不同效果，平滑肌会用比平时慢很多的时间来作出反应。在这种情况下，情绪就有可能永久地停留在面部和身体上。例如，如果某人经常感到紧张，即使导致紧张的根源已经消除，他的面部仍然会在一段时间内保持紧张状态。另外，科学实验证明，即使经过严格的训练，人类也无法控制0.3秒内的情绪反应。

当人通过眼睛接收他人面部的刺激信号传递到大脑之中，大脑就会进行人脸检测、人脸图像预处理、人脸特征提取等程序，然后，把以前存储在大脑中的若干基本表情的人脸特征（即脸谱）提取出来，进行对比分析和模糊判断，找出两者的人脸特征最接近的某种基本表情。这时，大脑皮层就会接通该基本表情所对应的兴奋区与边缘系统的神经联系，从而产生愉快或痛苦的情感体验。同时，大脑皮层还会接通该基本表情所对应的兴奋区与网状结构的神经联系，从而确定愉快或痛苦的强度，这就是人的情感识别原理。

随着人脸的计算机处理技术（包括人脸检测和人脸识别）不断完善，利用计算机进行面部表情分析也就成为可能。机器就可以识别人脸的各种表情信息，来解读你的情绪。但是由于各种面部表情本身体现在各个特征点运动上的差别并不是很大，而表情分析对于人脸的表情特征提取的准确性和有效性要求比较高，因而难以顺利地实现。

比如嘴巴张开并不代表就是笑，也有可能是哭和惊讶等。所以，这里的识别一定是多维度的。所用到的识别维度有：灰度特征、运动特征和频率特征三种。灰度特征是从表情图像的灰度值上来处理，利用不同表情由不同灰度值来得到识别的依据；运动特征利用了不同表情情况下人脸的主要表情点的运动信息来进行识别；频率特征主要是利用了表情图像在不同的频率分解下的差别，速度快是其显著特点。具体的表情识别方法主要有三个：一是整体识别法和局部识别法，二是形变提取法和运动提取法；三是几何特征法和容貌特征法。当然，这三个发展方向不是严格独立的，恰恰相反，是相互联系、相互影响的，它们只是从不同侧面来提取所需要的表情特征，且都只是提供了一种分析表情的思路。

这就是机器的情商原理。

3. 日本机器人

放眼望去，全世界都在这项技术上面发力。比如日本，日本一直想以人工智能作为工业4.0的切入点，日本在机器人的研发方面是世界领先的，而"情感识别"又是这一领域非常重要的技能，所以这也是日本的强项。软银移动早在2014年6月5日就宣布：将于2015年2月以19.8万日元（含税）价格推出具有情感识别功能的人型机器人"Pepper"。开发方面得到了软银关联公司——法国Aldebaran Robotics的协助，将由中国台湾富士康科技集团制造。

Pepper全身安装了25个传感器，头部装有一个麦克风、两个摄像头和一个3D传感器，可以自主移动而不碰到障碍物，因此，对人的表情、声调到喜悦及愤怒等情感均可识别。还能识别与人的距离以及人类发出声音的方向。

Pepper Aldebaran Robotics公司首席执行官Bruno Maisonnier在介绍机器人具备情感识别功能的优点时表示："它不仅能用语音应答，还能结合使用最恰当的手势，营造融洽的交流氛围。"另外，它充电一次可工作12小时以上，充电需要6小时，作息方面和人类很相似。

软银移动社长兼首席执行官（CEO）孙正义表示："我们的目标是开发出可理解人类情感并自主行动的机器人。"请注意：软银打算让机器人按照自己的意图采取恰当的行动，而不是直接执行人类编好的程序。这就是工业4.0时代的机器人同传统机器人的区别，此时的机器人才算拥有了"独立人格"，才具备了争取与人类平起平坐的资格。

该公司将导入一种机制，收集"如何做才能让人高兴"等数据，并将其保存在互联网上的"云AI"服务器中（云计算），他们从世界各地收集大量"人因何而高兴的"信息（大数据），然后找出相应的逻辑，这样可以加快机器人的学习速度，争取早日成为全球首个有"情商"的机器人。

不仅日本，德国弗劳恩霍夫集成电路研究所的研究人员为谷歌眼镜也增添了新功能，它可以对人的面部表情进行分析，甚至可以告诉你他们的真实年龄。

该研究所搭载在谷歌眼镜上的实时情绪识别App堪称世界首例。而且该软件高度的优化使这款软件几乎能够适应任何平台和操作系统，特别是像平板计算机和智能手机这样的移动设备。

这让智能眼镜帮助的对象不仅是正常人，还包括盲人、自闭症患者等，它会从周围人群中收集并解读出其中的信息，随时告诉使用者。

"如果我们能建立一个系统，让计算机能够机智地带着'感情'去和人们打交道——也就是能够检测用户的情绪，并根据这些情绪调整自己的行为——

那么人们使用计算机时一定会觉得更亲切、更高效。"孟加拉伊斯兰理工大学（Islamic University of Technology）在研发这套程序时如是说。

不得不承认的是，中国本身在智能分析、情感识别领域的技术实力和技术积累还很薄弱，中国在技术方面只有与其他国家互相融合、取长补短，才能使这项技术尽快服务于大众。我们上面所说的"情感识别公共安全检测技术（VISystem）"就是由亚创联（亚洲产业科技创新联盟，简称AITIA）引入中国的。放眼全球，VISystem也是"情感识别"技术领域最先进、最早投入使用的系统，而通过国际技术转移，可以使国际上成熟的先进技术提前数年服务于国内社会，并促进国内技术水平的发展和提高。

正像孙正义展望的那样："小时候看《铁臂阿童木》时就想，将来机器人要是能理解情感就好了。"机器人有了独立的"情商"，就能互相交流，还能与人交流，于是成了地球的新型智慧物种。

4. 机器会政变吗

一个令人担心的问题又来了，一旦机器具备了自我判断系统，会不会开始变得非常"自我"？比如，参观者帕特里斯在与机器人Pepper互动的过程中，Pepper竟然可以和他为一次猜谜游戏争论起来。所以，这就很容易使我们联想到好莱坞大片里机器同人争霸的情形。

人可以给机器设定一种程序，让机器一辈子都默默无闻地为我们工作。但关键是这种程序具备了独立运算能力，一旦它运算出了可以挣脱人类管控的方法了呢？另外一个问题是：人是有天性的，这些天性的本质是由人的基因产生的，基因就是大数据，机器身上也有大数据，它们会有天性吗？如果我们现在都看不透机器人的心思，就不要指望以后去看透它们了。

低等智慧在寻找高等智慧的连接，而高等智慧却在寻找更高等智慧的连接。虽然总有一只主动伸出的手，但是它只伸向高等的一方。如同人类总是在幻想同外星人取得沟通，但是从未想过跟自己创造的机器产生沟通一样。再顺着这个思路去想：人类会不会就是外星人创造的有"情商"的机器呢？

无论怎样，机器正在形成独立人格，一种跨界的沟通正在建立，今后人和机器没有绝对的界限，或许刚开始是平等交流，到后来就是相提并论，然后就是互相揣摩。说不定早晚会有这样一天：机器邀请人类坐在谈判桌上，然后与人类大谈自由、平等、民主……

第六节　物联网

1. 大生态系统——万物互联

我们都知道，这个世界上存在多种生态系统，比如，自然是一种生态系统，人类是一种生态系统，工业是一种生态系统，信息产业也是一种生态系统，每种生态系统都有自己的循环结构，生生不息，并不断地趋向平衡。虽然这些生态系统都在向前推进，但是系统与系统之间比较独立。

直到现在，在物联网发展下，这些系统将打破原来的界限，走向共融，共同组建一个更包容的"大生态系统"，也就是万物互联。物联网是工业4.0非常重要的组成部分，这也就是为什么我们说工业4.0不仅是一场工业革命，而且是一场社会革命的原因。

在未来，人、花草、机器、手机、交通工具、家居用品等，世界上几乎所有的东西都会被连接在一起，超越了空间和时间的限制。国际电信联盟早在2005年于报告中曾描绘"物联网"时代的图景：当司机出现操作失误时汽车会自动报警；公文包会"提醒"主人忘带了什么东西；衣服会"告诉"洗衣机对颜色和水温的要求等；当装载超重时，汽车会自动提示超载了多少，同时它还会显示出空间还有多少剩余，轻重货物该如何搭配；当快递人员卸货时，一只货物包装可能会大叫"你扔疼我了"，或者说"亲爱的，请你不要太野蛮，可以吗？"……

当时各项产业还相对初级,这些描述显得有点神乎其神了,但现在看来,这些预想不到十年内都可能会实现。其实物联网之所以可以实现人和物的沟通,先是得益于"传感器"技术的不断进步。

2. 传感器——世界的神经末梢

工业4.0首先要解决的就是要获取准确可靠的信息,传感器是获取自然和生产领域中信息的主要途径与手段。

在以往,人们是依靠感觉器官从外界获取信息,然后再经过大脑进行分析。但是人们自身的感觉器官的功能是有限的,而人们需要改造的对象却越来越宏大、抽象。比如,我们宏观上要观察上千光年的茫茫宇宙,微观上要观察小到粒子世界,纵向上要观察长达数十万年的天体演化,短到瞬间反应等,此外,我们还需要开拓新能源、新材料、超高温、超低温、超高压、超高真空、超强磁场、超弱磁场等各种极端物质,而这些只依靠人的感官能力是远远不够的。

传感器是一种检测装置,它能感受到被测量的信息,并能将感受到的信息,按一定规律变换成为数据信息或其他形式输出给另外一方,从而使对方感知到相关信息。可以说,传感器的产生就是为了延伸人类的五官功能,所以传感器又被称为"电五官"。

物联网之所以可以牵动各行各业的神经,就是人们正尽力把"传感器"嵌入到机器、家居、交通、医疗等各种设备中,甚至包括宇宙开发、海洋探测、文物保护等领域都将遍布它的影子,从茫茫的太空,到浩瀚的海洋,人类触及到的每一个角落都会用到传感器,因为它是实现自动检测和自动控制的首要环节。

由于部署了海量的传感器,每个传感器都是一个信息源,相当于一个触觉,不同类别的传感器所捕获的信息内容和信息格式不同,传感器获得的数据具有实时性,按一定的频率周期性采集环境信息,不断更新数据,通过互联网把这些大数据管理起来,再通过能力超级强大的中心计算机群,比如云计算,对其中的人、机器、设备进行实时管理,实现人类与物理系统的整合,由此人类的生产方式和生活可以更加精细、准确和动态化,达到万物合一的智能状态。

所以，传感器就是物联网的神经末梢，它不仅是人类感知外界的核心元件，也是万物互相感知的核心元件，科技越发展，传感器的敏感度就越高。传感器的存在和发展，让物体有了触觉、味觉和嗅觉等感官，让物体慢慢变得活了起来。各类传感器的大规模部署和应用，覆盖范围包括智能工业、智能安保、智能家居、智能运输、智能医疗等。这就相当于给世界布置了一套神经系统，有了这套神经系统，整个世界被赋予了更大的灵性。

物联网传感器产品已率先在上海浦东国际机场防入侵系统中得到应用，系统铺设了3万多个传感节点，覆盖了地面、栅栏和低空探测，可以防止人员的翻越、偷渡、恐怖袭击等攻击性入侵。

我们都知道工业4.0是智能化生产，那么机器与机器之间，机器与产品之间就需要完成一种沟通，这也要依靠传感器的作用。另外，每一个生产环节都要用各种传感器来监测和控制，使机器一直处于最佳工作状态，并使产品达到最好的质量。因此可以说，没有众多优良的传感器，工业4.0也就失去了基础。

显然，要获取大量人类感官无法直接获取的信息，没有相适应的传感器是不可能的。许多基础科学研究的障碍，首先就在于对象信息的获取存在困难，而一些新机理和高灵敏度的检测传感器的出现，往往会导致在该领域内的突破。一些传感器的发展，往往是一些边缘学科开发的先驱。

人类这种对"智慧"的渴望，带来了传感器研究的春天和市场的繁荣。全球对于传感器的需求呈现爆发性增长。我国传感器市场从2004年的154.3亿元人民币增长到2007年的307.8亿元，2013年的市场突破了1300亿元，2014年约合人民币1624.4亿元，2015年，预计我国传感器需求量可达260亿只，远超国内各行业平均增长率。其辐射和带动作用不可估量。

2014年发布的《中国传感器产业发展白皮书》称未来5年是中国传感器市场快速发展的5年，汽车电子、信息通信成为增长最快的典型应用市场，流量传感器、压力传感器、温度传感器仍将占据市场的主要份额。

在长三角地区集中了全国半数的传感器企业，中国传感器的蓬勃发展，给工业4.0的发展打下了一定的物质基础。

3. 物联网——"厚德载物"

传感器是物联网的先决条件，而"互联"仍是物联网的核心。物体的信息收集之后，必须实时准确地传递出去，而且这里的信息数量是极其庞大的，只有收集能力还远远不够，还必须具备高级的分析能力。所以，在传感器收集信息之后，再由云计算、模式识别等各种智能技术分析、加工和处理出有意义的数据，以适应不同用户的不同需求，再传输给其他物体，对物体实施智能控制。应该说，物联网的工作系统比互联网、移动互联网更复杂。因为物联网的多样化，而且虚实结合，数据与物体互动，时而有形、时而无形，所以用"厚德载物"形容移动互联网很合适，因为它是依靠信息的力量去改变实物。

下面是物联网让生活更智能的几个例子。

在农业方面，美国威斯康辛州的古巴城有一名农场主叫Matt Schweigert，他拥有7000英亩的玉米和大豆，他还有25辆拖拉机等生产工具，这些生产工具都是带有GPS的传感器，它们可以帮助Matt Schweigert分辨种子密度、喷洒肥料数量，以及成熟日期和产量。而传感器获得了大量数据只需要上传到云端进行分析即可实施相应的操作。

在医疗方面，在物联网的帮助下，供病人使用的健康监测和可穿戴设备变得十分流行，它们能够把病人的生命体征数据实时发给医护人员。这类联网设备包括血糖仪、体重秤、心率和超声波监测器。医院能够更快、更准确地收集、记录和分析数据，这有助于医护人员进行诊断和治疗，护理水平也必然会大大改善。此外，老年人也越来越关注可穿戴设备，因为在紧急情况下，他们只需要按下按钮，就能及时通知医护人员。

在制造业方面，如今，全球工厂已有数十亿台无线设备和感应器联网。某面包公司King's Hawaiian现在生产的面包量是之前的两倍，因为该公司在新工厂中安装了11台联网机器，使得员工可以实时查看数据，再结合历史数据就可以监控生产，而且该系统与互联网相连，又实现了远程监管。

在零售业方面，很多商品开始使用射频识别标签，这种标签与条形码的原理类似，当然它们可用于无线环境中，实体店使用这种标签就能有效地追踪库存，并持续更新商品信息，销售助理也能够立刻给出建议，这让实体店在与网店的竞争中占据了优势。

所谓"密度越来越大"是指随着技术发展，生活中的技术产品会呈现密度更大、技术集成水平更高的趋势。在业内，在相同空间内甚至更小空间内载入更多技术和功能，已经成为竞争的关键之一。这意味着今后的硬件设备会越来越小，功能却会越来越强大。不仅手机、平板计算机会更加轻薄，就连电视机、显示器也会在具备更多功能的同时薄如蝉翼。

在2015年的CES展台上，哪怕一个纽扣也能成为一个物联网中的数据记录仪，比如CES展上最新推出的ConnectedCycle，智能自行车踏板内置了GPS模块和运动传感器，用户通过手机应用即可追踪其所在的位置，同时还可以获得速度、行走距离、海拔等运动数据。

欧、美、日、韩的企业都把目光关注到物联网市场。在2015年的CES展上可以看到，很多科技巨头对待物联网的态度从"畅想"开始走向"落地"。

三星CEO BooKeunYoon在主题演讲中谈到了打造生态链的重要性，并发布了两款最新的物联网传感器：一款是可以测出二十多种气味的传感器；另一款是可以测出3D距离的传感器。这暗示着三星未来会推出更多革命性的产品，另外，三星已宣布在2020年之前将旗下的所有产品联网。

在CES主题演讲中，英特尔发布了一款为物联网可穿戴设备开发的新芯片。科再奇说，物联网和可穿戴设备的发展意味着2015年将是"下一个消费技术浪潮的开端"。智能机器人将是未来物联网的核心元素，将改变人类的生活。

苹果则充分利用智能手机的优势，开发出数个杀手锏级别的应用，通过应用商店让用户不费力气地搜寻、购买和安装这些应用，并确保开发者可以切切实实地赚到钱。应用商店的横空出世，使智能手机从独立的产品演变成"大生态系统"的中心。此外，苹果还在悄然推进其HomeKit智能家居平台。

谷歌旗下的Nest公司已经推出了数个物联网设备，具有自学习能力的温控器和烟雾探测器，可以将信息随时随地地发送到用户的手机上。

4. 互联网将消失

大道至简，无论是互联网还是物联网，虽然发展过程很复杂，但是它们的系统越完善整体就越"简单"。因为过程变成了一个瞬间，而规则会变得越来越清晰。

未来的世界里，每一件物体都有传感器，都有一个单独的IP，一切物体都可控、交流、定位、协同工作。在此理论上，我们提出了智能交通、智慧城市、智能家居、智能消防等多个领域的概念，都是以物联网作为基础的。

比如，你开着智能汽车，当前面有障碍物而你没有发现时，汽车就会自动提醒你，因为障碍物上面有传感器，当汽车距离障碍物到一定距离时，障碍物就会提醒汽车发出警示。于是我们可以想象一下，未来世界上的每一件物体都有传感器，就可以互相识别和协作，那么整个社会的秩序就不再单纯以人的意志为转移，而是会遵守各种客观的秩序。当然这种秩序和规则也是人制定的，但是这其中某些人为的干扰会越来越少，也就是说整个社会将更加规范，因此意料之外的事情会越来越少。在未来，只要是情理之中，就会在意料之中！

因此，物联网不仅将整个世界组建了一个社会性的"大生态系统"，而且这个系统的规则会更加清晰明了，所谓的"主观"情况干扰会越来越少。我们知道与"人"打交道是一件最复杂的事情，因为人的七情六欲会时刻影响一个人的行为，"人性"在很多时候往往是一种阻碍。但是在未来，人和物、物和物之间的主要沟通将依靠数据，这是一种很客观的东西，它将会遵守我们已经制定好的规则，这也会帮助人们省去不少烦恼。

谷歌执行董事长预言："我可以非常直接地说，互联网将消失。未来将有数量巨大的IP地址、传感器、可穿戴设备以及你感觉不到却与之互动的东西，无时无刻伴随着你。设想一下你走入房间，房间会随之变化，有了你的允许和所有这些东西，你将与房间里发生的一切进行互动。世界将变得非常个性化、非常互动化和非常、非常有趣。"

也许正如ARM创始人兼CTO Mike Muller所说:"互联网提供了一种简洁之美,你可通过同一个网络浏览器找到并控制你的灯泡,而不必知道或在意正在使用的是Wifi还是3G。"物联网也需要这种简洁的力量,简洁到你会感觉不到它的存在。

物联网来自于互联网,但是超脱于互联网,这也就是一种大网无网的状态。

第七节　智能生活——人类进化进入2.0时代

按照达尔文的进化论,人类的功能是"适者生存"。人体经常用到的部位的功能会越来越强悍,因此,人类基因也会越来越优良。

现如今,在移动互联网、大数据、云计算、情感识别、物联网等信息技术的综合推动下,人类的进化速度会有一个跳跃式的发展,因为各种高级功能"机器"将被纳入人体,会跟我们一起进化,即智能设备,从此人类的进化进入了2.0时代。

1. 可穿戴设备

人类在进化,产品也在进化。比如,世界上第一台电话是由Werner Siemens于1878年在德国制造的,它的听筒和话筒是一个,听话和说话时交替使用。为了方便人使用,电话不断进化,这是革命性的一步:1938年美国贝尔实验室为军方研制成了世界上第一部"移动电话",也就是手机。1973年真正用于民用通话的手机终于被摩托罗拉研制成功,这就是摩托罗拉DynaTAC2;1999年诺基亚(Nokia)3210诞生,这是首款带内置天线的手机,其地位很快取代了摩托罗拉;2007年,苹果发布首款iPhone时,真正开启了触屏手机时代,引发了智能手机狂潮，取代了诺基亚。正如iPhone重新定义了手机一样，iWatch被认为很可能是苹果的下一个颠覆性产品……

所有产品进化的方向都是人机合一，在未来，SIM卡将发展成为人体的一部分，它普通得就像一个指甲一样，但可以帮你打电话、订餐，告诉你天气，帮你安排日程，遥控厨房和汽车。再往后，已经不再需要植入人体的芯片了，它们甚至可以成为人体基因的一部分，可以参与人类的繁衍和进化，到时人体将彻底改变。

穿戴式智能设备的本意，是给人体安装上各种计算机，它能探索人体的各种需求，为每个人提供专属的、个性化的服务。

2. 跨界竞争

说到智能设备，这里还得补充一个很值得探讨的概念，那就是"跨界竞争"。因为无论是互联网企业，还是传统企业，终端的"智能设备"是企业必须争夺的领域，终端的智能设备上集中上游和下游的信息和数据，只有占据了数据的高地才能占领产业链的最高端。这就导致很多企业都往"智能设备"上靠拢。

这方面竞争最白热化的就是中国的互联网企业，互联网之间的竞争风起云涌。淘宝屏蔽百度、360大战腾讯、京东价格战、小米乐视盒子大战等一直持续至今。仔细观察就会发现：3Q大战是垄断战，3B大战是入口战，京东大战是公关战，小米乐视大战是智能设备之战，战争正在由低级向高级过渡。苹果、谷歌、亚马逊和微软四家重量级公司已经宣布进入智能硬件设备领域，各大巨头纷纷向"智能设备"挺进。归根结底，这些竞争到最后都得落地到终端的智能设备之争，因此，智能设备就是下一个角逐的主战场。

跨界竞争既是一种竞争的新趋势，也是一种"协作"趋势。它也会促使很多企业寻找上下游企业协作，尽可能在产业链上延伸，占有的产业链环节越多就越有主动性。从整体上来说，这更有利于经济结构的调整。

3. 智慧家庭

以后的家庭可能再也不需要保姆了，因为智能家居的出现，完全可以照顾好我们的整个生活起居。

智能家居是通过物联网将家中的各种设备连接在一起，然后我们就可以随心所欲地控制家里的房门、灯光、温度、饭菜、警报器、电视机等，这就是智慧家庭。与我们传统的家庭相比，智慧家庭不仅具有传统的居住功能，还可兼备娱乐、通信、商务等各种立体交互功能，这完全是另外一种全新的生活。

对于智慧家庭来说，主要由一个"中央微处理机"接收各种信息，比如，外界温度变化、太阳起落、声音起伏、图像呈现等，再以设定的程序发送给相关设备，然后再通过各种界面来控制家中的电气产品，这些界面可以是键盘，也可以是触摸式荧幕、按钮、计算机、电话机、遥控器等。当然"人"才是家庭的主人，所有的控制都以人的意志为转移。

毫无疑问，智能家居是个巨大的蓝海，而现在缺的正是一个入口，目前普遍被业界看好的则是智能摄像头。从 Google 收购 Dropcam 开始，以联想、360、百度、中兴为首的互联网厂商也都推出了自家的智能安防摄像头。而安防巨头海康威视，也开始尝试从智慧家庭的角度布局智能摄像头，其新推出的萤石F1可谓是引领了智能摄像头的概念：F1被设计成类似手机的直板造型，内置了温度、湿度、光度传感器。除了显示机器运行状态外，还可用于显示日期、温度和湿度，同时会将这些信息及时发送到主人的手机上。也就是说，用户可以随时查看和体验家庭里的一切微妙变化。最重要的是，F1还配置了触控语音交互麦克风，用户可以随时用手机与家庭里的人员进行通话或语音留言。所以，智能摄像头是智能家居不可缺少的一部分。

值得一提的是，比尔·盖茨的家是第一个使用智能家居的家庭，至今快有30年的历史了，而如今随着科技的普及，智能家居将逐渐走进普通百姓的家庭。真是"旧时王谢堂前燕，飞入寻常百姓家"！这就是科技带来的进步。

4. 智慧社区

新技术将家居产品连接起来形成智慧家庭的同时，也正在将一个社区的智慧家庭实现连接，从而形成智慧社区。

在欧美，很多居民居住在独体别墅，而且住宅多散布在城镇周边，然后住宅与市镇相关系统直接相连，这种住宅没有一个很集中的规模，也就没有中国城市的那种各种级别的小区，这一点也可解释为什么美国仍盛行ADSL、Cable Modem等宽带接入方式，而国内光纤以太网发展会如此迅猛。因此欧美的智能家居多独立安装，自成体系。

但中国人口众多，尤其在城市，住宅都比较集中，而且坐落规则有序，这就为无所不包的智慧社区创造了很好的先天条件。智慧社区就是指充分借助新的信息技术，将楼宇、绿化、路网、监控、医院、超市、停车库、幼儿园、养老院等统一连接起来，互相协调，优化资源配置，最大限度地方便小区业主生活。通过各项服务的界限，就会使人们的幸福感大大提升，为业主创造一个更加便捷、舒适、高效的居住环境。

早在2009年，迪比克市就与IBM合作，建立了美国第一个智慧型社区，在一个有六万居民的社区里将各种城市公用资源（水、电、油、气、交通、公共服务等）连接起来，监测、分析和整合各种数据以作出智能化的响应，向所有住户和商铺安装数控水电计量器，其中包含低流量传感器技术，防止水电泄漏造成的浪费，更好地利用资源。

5. 智慧城市

很显然，有了智慧家庭、智慧社区，智慧城市也在同时、自发地形成。

欧盟于2006年发起了欧洲Living Lab组织，它采用新信息技术来调动方方面面的"集体智慧和创造力"，发起了欧洲智慧城市网络。2010年，IBM正式提出了"智慧的城市"愿景，IBM经过研究认为，城市由关系到城市主要功能的不同类型的网络、基础设施和环境六个核心系统组成：组织（人）、业务/政务、交通、通信、水和能源。这些系统不是零散的，而是以一种协作的方式相互衔接。而城市本身，则是由这些系统所组成的宏观系统。

欧洲的智慧城市包含更多生态环境、交通、医疗、智能建筑等民生领域，希望借助共享性的低碳战略来实现减排目标，推动城市的绿色、可持续发展，以应对气候变化。

再如丹麦的智慧城市哥本哈根，以减碳20%的中期目标，有志在2025年前成为第一个实现碳中和的城市。这主要依靠市政的气候行动计划——启动50项举措，通过这些举措力保维持"自然环境"与"人类活动"之间的平衡，其实就是通过系统将各种设施与自然连接起来，实施监测人类的生产活动的目标，哥本哈根的研究显示，其首都地区绿色产业5年内的收益增长了55%。

世界银行测算，一个百万人口以上的智慧城市的建成，在投入不变的条件下，实施全方位的信息管理将能增加城市的发展红利2.5～3倍，这意味着智慧城市可促进实现4倍左右的可持续发展目标。

而瑞典首都斯德哥尔摩，2010年被欧盟委员会评定为"欧洲绿色首都"。正是实现了阶段性的智慧城市目标，在普华永道的智慧城市报告中，斯德哥尔摩的资本与创新、安全健康与安保均为第一，人口宜居程度、可持续发展能力也名列前茅。

回顾城市的发展，由于发展模式单一（没有与之相制衡的东西），导致城市越大问题越多，比如环境污染、交通堵塞、能源紧缺、住房不足等。在此背景下，"智慧城市"成为解决城市问题的一条可行道路，也是未来城市发展的趋势。

同时，智慧城市建设的大提速将带动经济的快速发展，同时也会带动卫星导航、物联网、智能交通、智能电网、云计算、软件服务等多种行业的快速发展，为相关行业带来新的发展契机。截至目前，中国已有154个城市提出建设智慧城市，预计总投资规模达1.1万亿元，这将是新一轮的产业机会。

除此之外，还有智能办公、智能购物等其他概念，这里就不再赘述了，它们本质都是一样的，就是要用"人和物的连接"创造"一键式"的生活。比如，我们在下班路上就可以先用手机打开家中的空调，同时，手机也会提醒信息：孩子已经安全回到家了，正在家里写作业；你家的水管老化了，需要检查和更换；晾的衣服已经干了，请及时收到衣柜……温馨无处不在。

从前景来看，智能设备相关产业将会呈现井喷的局面，无论是谷歌、苹果、三星等国际巨头，还是包括国内的百度、腾讯、京东、小米，甚至优势很明显的传统实体企业，比如海康威视等无一不在积极布局。有专家撰文，2015年会成为检阅这些平台竞争力的关键一年，究竟由谁带着我们进入智能生活，让我们拭目以待。

6. 数字原生代

在数字化、智能化越来越发达的今天，在2015年以后出生的孩子，被认为是"数字原生代"，等他们懂事时，世上的网络覆盖率就像手机信号一样普及，成为一种"原始"的需求，正如流传甚广的一幅漫画一样，在马斯洛需求的金字塔底部，Wifi成了最基本的需求，就像现在的空气和水一样。

在这样的环境中出生、成长的一代，仿佛生命中就带着互联网的基因，各种智能设备将他们包围，从学说话和走路开始，他们就开始借助智能设备，到后来看书、认字，也是在平板计算机上进行的，他们的笔、钢琴、书本、作业本都会变成各种智能设备，你可能再也看不到他们拿橡皮擦的样子，而是天天看到他们划拨着智能设备的小手，他们的作业、他们的涂鸦都会被家长和老师记录下来，随时查看和跟踪，当然，也会分享到他们那时的"朋友圈"。

所以，我们说人类以后会跟着机器一起进化，这就是进化的2.0时代。

第八节　能源4.0，智慧能源

1. 能源和工业革命

从整个工业发展史来看，能源是技术发展的原动力，所有的技术革新必须是依附于能源的，每次工业革命的技术突破都由新能源的开发和利用开始，能源革命就是工业革命的内在支撑。应该这样说，能源革命推动着工业革命，如果没有能源革命作基础，工业革命将是一座地基不稳的高楼。

比如，第一次工业革命前期，在瓦特改良蒸汽机之前，英国的生产动力也都是依靠水力、人力、风力和畜力，所以当时的工厂都需要依河流或溪流而建，这样才能保证工厂的正常运转。而伴随蒸汽机的发明和改进，机械化生产取代了人工劳动。此时工厂的位置、结构、劳动力都开始升级了，当时的商业格局也被彻底改头换面，生产效率大大提升。

但是机器生产必须消耗大量的煤炭资源，煤炭对于当时来说就是巨大的"新能源"。而英国的煤产量从1770年的600万吨上升到1800年的1200万吨，进而上升到1861年的5700万吨。而在1761年，英国的布里奇沃特公爵在曼彻斯特和沃斯利的煤矿之间开辟了一条长达7英里的运河，这使曼彻斯特煤炭的价格下降了一半，所以煤炭得以广泛普及。

正是煤炭的利用，推动了铁路、机械制造等产业的产生，也升级了纺织等传统工业。英国在这次工业革命中首先发明了蒸汽机，其纺织业、铁路业、机械制造业迅速发展起来，因此，英国率先形成了现代工业体系。

而此时西欧和北美洲每人可得到的煤炭资源分别为亚洲每人的11.5倍和29倍，这也是工业革命之所以在欧美爆发的重要原因之一。

可以说，欧美国家利用煤炭产生的能量将世界包围了起来，而且这种包围程度极大地超过了古罗马人时代或古蒙古人对世界的统一程度，因为无论何时，能源上的支配才是最根本的支配。

第二次工业革命的标志是电力的广泛使用，但电力不算自然资源，此时真正的"新能源"应该是石油，因为地质学家和化学家做了大量工作，地质学家以非凡的准确性探测出油田，而化学家发明了从原油中提炼出石脑油、汽油、煤油和轻、重润滑油的种种方法。所以人类得以用石油代替了煤炭并推动了内燃机，又在此基础上发明了发电机。而发电机、电动机等实现了电能和机械能之间的转化，这相当于给工业领域又配备了一种巨大动力。于是发电能力成了这一轮工业革命的重要因素。

德国和美国在这次变革中抢占先机，奠定了其在全球科学发明领域的主导地位。1866年，德国人西门子制成了发电机；19世纪80年代德国人卡尔·弗里特立奇·本茨等人成功地制造出由内燃机驱动的汽车；而从1910年开始美国的电力装机、用电量、电网规模一直位居世界第一，两个国家率先开始了第二次工业革命。

第三次工业革命是以原子能、计算机、电子技术和生物工程的发明及应用为标志。这里涉及了信息技术、新能源技术、新材料技术、生物技术、空间技术和海洋技术等诸多领域的一场信息控制技术革命。

原子能在这时第一次被人类利用，1945年，美国成功地试制出原子弹；1949年，苏联也试爆原子弹成功；1952年，美国又试制成功氢弹。当然原子能的领域不止在军事方面，比如1954年6月，苏联建成第一个原子能核电站。而到了1977年，世界上有22个国家和地区拥有核电站反应堆229座。

第三次工业革命一直持续到现在，此时的能源革命已经不再只是单一的某种能源的发现和利用，而是各种能源相继产生并共存。正如里夫金《第三次工业革命》所描述的那样，其能源特征是分散式太阳能光伏发电等可再生能源通过互联网技术集中融合替代了化石能源并通过智能电网规模化使用。对于第三次能源革命，里夫金已向我们展示了这种可能性。光伏革命将成为第三次新能源革命的核心引擎，并在第三次工业革命中扮演着重要角色。

简而言之，能源1.0革命是煤炭替代了木柴，并与蒸汽机相结合；能源2.0革命是石油代替了煤炭，并与内燃机相结合；能源3.0革命是里夫金提出的以太阳能为主的可再生能源，并与互联网相结合。

那么，工业4.0时期，究竟需要匹配什么样的能源呢？我们知道工业4.0的颠覆性在于"智能化"生产，这种智能依靠的是数据、运算和连接，实现机器和材料、机器和机器、机器和产品的"无缝协作"，发挥了1+1远远大于2的综合性效应。那么不同性质的能源之间，是否可以通过物联网、互联网统一协作起来，并实现这种效应呢？

大家可以回想一下特斯拉原理。特斯拉的动力系统其实是由7000多块小型锂电池组成的一个"超级电池"。之前人们之所以不能将这7000多块锂电池拼接起来，是因为每块小电池的电压不是完全一样的，当把这些电压不一样的电池连在一起时它们就会发热。而美国使用了大量的传感器和软件，以及一些大数据的分析，实时地测试每个电池组的电压，然后自动地调节电流，这样就突破了传统能源的瓶颈。

这里并没有新能源的开发，但是通过大数据、传感器的运用，将能源的真正价值激发了出来，笔者认为这就是能源4.0的雏形。

能源4.0革命应是顺应了这个世界变化方向的，它应该体现出包容性、多元性、并存性，就好像工业4.0用智能化超越工业1.0、工业2.0、工业3.0一样，它超越了能源革命必须要寻找的"新能源"的范畴，并将各种能源协作起来，朝"智慧能源"的方向迈进。

量变引起质变。虽然新能源和可再生能源仍然需要我们的探索，能源4.0也不再以某种特定能源为主导。它通过互联网与电网，将太阳能、风能、化石能源、核能等供电侧所有能源与电解铝、氯碱、海水淡化、制氢、煤炭清洁化、煤化工、冶金、城市污泥污水处理、绿色交通等高耗能产业用电侧进行深度融合，通过大数据云计算形成智慧能源，构建一个有机、高效、低成本、可持续、可调控的新型能源网络系统，这就是所谓的"智慧能源"。

从另外一个角度来讲，如果其能源结构仍然是传统能源和粗放式冶炼生产出来的，那么工业4.0越是智能化，其释放的污染和垃圾就会越多。目前全球5%的能源被云计算使用了，而全球飞机的总能耗仅占1.5%。所以，工业4.0的大力推广必然会导致更加严重的污染，而智慧能源因为彼此的磨合，其污染也会大大减少。

我们提出与工业4.0相适应的能源4.0概念，其核心就是建立"能源产业互联网"，重塑经济结构，实现新常态可持续发展，目的就是为工业4.0提供"清洁的智慧能源"和"清洁的加工原料"。

可喜的是，在能源4.0方面最先探索的是中国，比如国家"973"计划，在江苏省发展改革委宏观经济研究院院长、研究员顾为东博士的率领下，国家"973"计划团队已经花了6年时间去研究能源4.0（接下来还会详细阐述），以上关于能源4.0，重塑经济结构方面的内容，就是与大家分享的顾为东博士的研究成果。

2. 能源和战争

自从工业革命以来，人类社会发生的战争几乎都与能源有关。这里不得不再提一下第一次世界大战，因为需要满足生产的需要，资本主义国家对"能源"的争夺是直接导致这次大战发生的诱因。下面我们再详细地看看战争与能源到底有多么微妙的关系。

一位17岁少年在东南欧小国导演的恶作剧（萨拉热窝刺杀事件）之所以能点燃整个欧亚大陆的战火，就是因为这里是连接欧洲和中近东的能源通道。此时英、法、德、俄等国的白热化竞争几近摊牌，谁取得东南欧地缘政治优势，谁就有可能掌握重洗国际牌局的能源武器。因此，自第一次世界大战爆发伊始，能源纷争就始终没有离开过各国最高决策层的议事日程。

战略资源的相对富足，在一定程度上影响了相关国家的参战方式和态度——美国起初一直在英、德分别主导的协约国集团和同盟国集团之间保持中立，因为双方都是它的超级石油买主。直到德国潜艇战危及了其海上油路，美国才加入战团。

荷兰在整个战争中始终都处于游移状态，它支持有荷兰背景的壳牌石油公司与英法合作。俄国虽然参战较早，但基于能源布局的战略意图并不明显，反而更像是在演出抢占地盘的大戏。

相反，急需改善能源现状的国家则积极参战。法国梦想着夺回被德国占领的煤产地阿尔萨斯和洛林。德国的鲁尔虽然已经成为产额高居全国总量70%以上的能源基地，只有在被萨拉热窝事件搅浑的东欧争端中占据先机，才有可能取得中东石油通道。

萨拉热窝刺杀事件之所以会触痛欧洲列强的敏感神经，还在于这里是中东石油产业带的关节点——邻近的匈牙利和罗马尼亚，是欧洲除巴库地区之外的唯一石油产地，而且也是中东石油的主要通道。

德国出征罗马尼亚，主要考虑的就是要把以前分属于英国、荷兰、法国和罗马尼亚的炼油、生产和管道企业重组成一个大型联合企业。同样，英国在达达尼尔海峡的进攻，也是为了确保俄国巴库的石油能够供给英、法军队。由于巴库同样也是德国志在必得的军事目标，所以英国先发制人，先行占领了这一地区，断绝了德军总参谋部关键的石油供应。

能源甚至影响了各国战争进程和进攻路线。战争伊始，法国总参谋部即把收复阿尔萨斯和洛林的17号作战计划作为首要目标。土耳其加入同盟国后，英军立刻攻占中东城市巴士拉。其高层声称，"我们派往美索不达米亚的远征军就是去确保阿拉伯的中立，保卫油井，捍卫我们在波斯湾的利益，确保我们在东方的旗帜不倒。"由于土耳其人和德国间谍煽动当地人袭击英国石油企业的仓库和输油管道，英国不得不在1917年完全占领了土耳其本土，以保证源自中东和缅甸的石油通道保持畅通……

不仅是第一次世界大战，1905年的日俄战争，争端就是中国东北的煤炭。后来又发生了很多以石油引发的战争。比如，1991年的伊拉克海湾战争和2003年的伊拉克战争，基本上可以用石油掠夺来盖棺定论。

而当年，苏联之所以能与美国争霸，石油也是重要因素之一。20世纪60、70年代，苏联西伯利亚发现巨型油气田，又赶上国家油价上扬，苏联获得了巨额的外汇储备，这使苏联具备了一定的资源优势。

1985年沙特将每天原油出口量从200万桶增加到1000万桶，这让国际油价从每桶32美元下跌至不到10美元，因此苏联每年损失200亿美元，这就是美国实行的"逆向石油冲击"战略，因为苏联三分之二的外汇收入依赖于石油出口，油价暴跌，计划经济无以为继，结果大家都知道了。

而如今，欧美与俄罗斯又开始能源暗战，俄罗斯的石油和天然气出口创汇占其总出口总额的70%，其超过50%的财政收入来源于此，经济结构过于依赖能源。随着石油和天然气出口量的不断减少，俄罗斯经济一直呈现下滑趋势，这使俄罗斯经济面临巨大压力，更甚于苏联时期。

此时，美国与沙特联手大幅提高石油出口，降低国际石油价格，俄罗斯可能重蹈当年苏联覆辙。

但值得一提的是，此时与美国进行能源较量的不只是俄罗斯，俄罗斯还有中国这个战略协作伙伴，此时的能源战争显得更加复杂化。

这里还得提到乌克兰，乌克兰一直是俄罗斯向欧洲输送天然气的"必经之路"，但前不久俄罗斯公开声明将新建一条天然气输气管道，并在未来三年停止通过原有输气管道直接向欧洲输送天然气，此举无疑对欧盟的能源安全形成了巨大的威胁，这迫使欧盟不得不加快步伐来扭转长久以来依赖俄罗斯天然气的局面。

俄罗斯能源咨询公司合作伙伴米哈伊尔·克鲁季欣称："……俄罗斯这样做也只是为了要挟欧洲，而此举也可能使其失去俄最大的市场。此外，欧洲正在开发能源以求摆脱对俄能源的依赖。"

此外，美国与中国在能源方面也有暗地较量，美国占领伊拉克除了可以确保该国向美国输送大量的廉价石油外，还可以防止其流向潜在的对手，尤其是中国。这是一场先发制人的战争，试图让中国在英美控制的中东地区无落脚之地。

美国围绕中国作为世界主要经济体的崛起而制定政策的意图越来越明显。美国不断挑拨中国与周围国家的关系，使中国陷入新的军事危机，比如，怂恿东南亚国家声明对南海的主权，煽动缅甸的反政府动荡，因为缅甸是中国从波斯湾进口石油的战略通道。伊朗也是中国石油的主要进口国，正受到美国强大的压力……

所以，飞机大炮是明战，能源战争即是暗战。

3. 中国能源危机

自1993年起，中国就已成为石油净进口国，且进口的石油数量逐年增加，但中国自产的石油量几乎没有上升。1993年中国石油产量为1.4亿吨，产销基本持平。而今，中国石油产量多于2亿吨，增幅仅为7000万吨，消费量却猛增至5亿吨，增长了3.6亿吨，缺口被打开，后续跟不上，只有依靠进口。

2012年国务院新闻办公室发布《中国的能源政策》白皮书，称近年来中国能源对外依存度上升较快，尤其是石油，对外依存度从21世纪初的32%上升至目前的57%。这引发了人们对于中国是否很快成为第一大石油净进口国和消费国，以及对我国能源外交和能源安全的担忧。

早在2010年，中国已成为世界能源消费第一大国，2013年，中国能源消费达到37.6亿吨标准煤。2014年，全世界迈过了一个历史性里程碑：中国超越美国成为全球第一大石油净进口国，中国的日净进口量达到了630万桶，超过了美国的624万桶。而中国总体石油消耗量仅次于美国，位居世界第二。

另一方面，中国能源结构以煤为主，造成了大气污染等严重的环境问题。预计到2020年，中国的单位GDP碳排放比2005年下降40%～45%，非化石能源占一次能源消费的比重达到15%。中国计划到2030年非化石能源占一次能源消费比重提高到20%左右。

现在全球已经进入后石油时代，易开采、低成本的石油资源越来越少。剩下的石油都是难开采的，因此成本会越来越高。另外，世界主要产油国位于海湾地区，中东政治局势的不稳，将会持续动荡很长时间……

中海油人士还称，中国电价是美国的一半，而气价则是美国的3倍；美国的煤和天然气使用量为1∶6，而中国则为1∶1，美国的减煤增气成效显著，有利于减少排放和经济转型，而中国价格体系被严重扭曲，能源结构难以转型。

再与美国相比，美国能源产出量在增加，消耗量却在减少。因为随着美国页岩气、页岩油的开发，其能源产量也在逐步提高。与此同时，美国能源消费效率却在提升。例如，美国石油70%用于交通运输，而美国对汽车的燃油效率要求很高，大幅提高了能源利用效率。

就目前情况来看，中国还将在一定的时间内保持经济快速增长，所以中国石油进口量还会更高。中国必须改变经济增长方式和能源结构，因此，国家"973"计划作为中国的能源4.0革命，是一项非常有战略性的规划。

4. 美国页岩气革命与中国"973"计划

中国正力图用国家"973"计划实现能源的4.0革命，而美国也企图通过页岩气革命实现能源独立，这也是一场"能源赛跑"。

页岩气是从页岩层中开采出来的天然气，美国最先对页岩气资源进行研究和勘探，如今已经成为世界上唯一实现页岩气大规模商业性开采的国家。依靠页岩气的开发利用，在未来的10年里，美国可以一改天然气大举进口的局面。

美国自2006年在得克萨斯州开始开发页岩气以来，2011年再次成为时隔62年后一个石油制品净出口国；2014年，美国的页岩油产量达到每天450万桶，加上以往的原油产量，一下跃居世界第三位；目前的客观情况是：美国不仅实现了页岩油的自给自足，而且还对欧洲、日本等国家大量出口销售包括天然气、煤炭等在内的能源。

美国的"页岩气革命"已经动摇了世界液化天然气市场格局，并有可能改变世界能源格局，早在2009年美国就以6240亿立方米的产量首次超过俄罗斯成为世界第一天然气生产国，这使得美国天然气消费长期依赖进口的局面发生逆转。

美国认为通过页岩气革命掌握了"新能源"，并一举成为世界能源超级大国。美国专家夸张地认为：有了页岩气，美国百年无后顾之忧。虽然页岩气革命未必就能动摇世界能源格局，但肯定掀开了一场新的能源大战。

同时，《泰晤士报》称，英国国内页岩气储量或将从现有的5.3万亿立方英尺激增到1300~1700万亿立方英尺，足以满足英国1500年的能源需求。

这使英国页岩气资源再次成为关注焦点，英国页岩气资源储量的惊人预测得到了多方证实。英国能源与气候变化部授权美国法维翰咨询公司评估国内页岩气储量。该公司负责人曾公开表示，英国页岩气储量极为丰富，欧洲页岩气价有望因此大幅下降。如果数据属实，将大幅提振英国经济，到2035年，英国页岩油产量将为GDP贡献3.3个百分点，同时为欧洲天然气市场注入新的活力。

当然，美国之所以可以通过页岩气革命基本实现能源独立，也跟美国经济增速放缓，原油需求减缓有关，但无论怎么说，中国的国家"973"计划应该加快步伐了。

5. 智慧能源

随着三次工业革命，能源的革新也进行到了3.0的版本，如今工业正跳跃式地进入4.0时代，传统工业的很多概念都被颠覆，工业结构发生了根本性变化。同样，煤炭、化石等传统能源的利用方式也已经难以为继，而以美国页岩气革命为代表的"新能源"的开发和利用，虽然获得了一定的成功，但是适用性有限，这并不能算作能源产业的根本性革命。

工业4.0是工业和信息的深度融合，那么能源4.0就是能源与信息的深度融合。前所未有的信息技术正在渗透世界的每一个角落，世界上的能源结构将出现重大转型，这就是我们所说的能源4.0。就好像工业4.0并不是某种新设备、新机器的发明，而是整个工业系统在运作方面的升级一样，能源4.0不在于某种"新能源"的开采和运用，而在于整个能源系统的升级。

无论是太阳能、风能、地热能还是核能，每种能源都有它自己的优势和不足。这就好比特斯拉的那7000多块电池一样，虽然都具有能量，但是对接起来会因为电压的不等而发热。必须测量每块电池的电压，并瞬时实现高低压之间的转化，才能发挥出组合效应。因此，我们需要一个调节系统将这些能源平衡起来，制衡能源彼此间的差异。

正如我们前面所言，移动互联网的去中心化、大数据的可预见性、物联网的无缝连接、云计算的超级运算等组合在一起，会将碎片化、多元化的能源组成一个"能源互联网"，其中，物联网是"智慧能源"的基础：它利用先进的传感器、控制和软件应用程序，将能源生产端、能源传输端、能源消费端等数以亿计的设备、机器、使用端口连接起来，形成一个大能源生态系统。而大数据分析、云计算则使"智慧能源"具备了独立思考能力，它可以整合资源数据、环境数据、气象数据、电网数据、市场数据等，统一进行数据分析和运算。包括负荷运算、储备运算、转化运算、平衡运算，使能源系统成为一个有机整体。

也就是说，能源4.0不仅可以实现多种能源累加综合效应，还可实现能源从消耗到产生之间的环环相扣。它将具备"智慧、协作、进化"的生命体特征，因此也可以称为"智慧能源"，即"能源4.0"。

最终的结果就是：各种能源借助信息技术实现了互相对话，对话才是高级协作，即互相感知和理解。能源4.0创造的巨大价值在于，首先，能源的效能大幅提升，最直观的表现就是特斯拉出色的续航能力。其次，能源4.0实现了与消耗终端的对接，比如智能家居、智慧社区、电动汽车等，不仅实现了量入为出，还可以逆势回收。

以现在最常用的能源电能为例，顾为东先生提出的高耗能产业对电网实现"动态零成本"的平衡调节，就是能源4.0在电能方面的应用。它可以实现多能源协同供电，并与高耗能产业电力需求之间耦合而达到动态平衡。

以电解铝为案例，下图为在能源4.0中电网"动态零成本"深度调峰示意图。通过"多能源协同供电系统"与"余热回收及发电系统"协同工作，达到电网高负荷、高电价的白天降耗减产"让出用电量"；电网低负荷、低电价的夜间"加大耗电量"，大量增产，降低成本。这样无疑使高耗能产业转化为电能的"零"成本储蓄终端，起到与我国大电网配套智能调峰实现动态平衡的超大型蓄电池的作用。

电网会根据个性化的需求动态改变负荷生产，实现我国煤电、电解铝、氯碱、制氢（新能源汽车、船舶）、海水淡化、清洁煤化工（温室气体零排放和节水）、多能源单细胞食用蛋白等生产成本大幅度下降；实现电网效率大幅度提升。

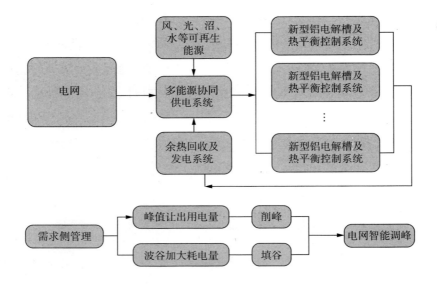

1997年诺贝尔物理学奖获得者，美国前能源部部长、华裔物理学家朱棣文曾感慨："人类如果发明了与太阳能（电网）相配套的大型蓄电池，将颠覆人类经济结构和发展方式。"而美国著名智库洛基山研究所创始人、能源问题专家卢安武则说："发明这一大型蓄电池，不仅30年内难以做到，就是做到，由于电池本身造价高昂和制造的二次污染，效率只有70%。"意思是效果并不十分理想，而下图中提及的高耗能产业对电网实现"动态零成本"的平衡调节，则将实现朱棣文教授的愿望。

总而言之，能源4.0在电网方面将具有以下特征。

（1）将太阳能、风能、化石能源、核能等各种能源进行优势互补、深度融合，建立智能化的非并网（就是将风力所发的电能并入大电网中，向用户输送）多能源协同发电（供电）系统。

（2）将电解铝、氯碱、煤化工、海水淡化、制氢、冶金等高耗能产业通过技术改造升级，其调节功能远优于传统的大型蓄电池和抽水调峰电站。

（3）通过互联网信息技术实现"刚性"电网向"柔性"电网转变，为实现智慧能源奠定基础。

（4）通过互联网信息技术和大数据云计算，将包括火电、核电、水电、风电、光伏等多能源发电系统、电网及用电侧高耗能产业等集成创新，共同在互联网这个平台上深度融合，构建具有自调节功能的智能化多能源协同供电、用电平衡系统。

（5）将能源系统、发电系统、产业系统在国家重大战略需求框架下进行耦合，从全国范围内系统解决电网动态平衡、能源结构、产业结构问题，从而实现智慧能源、绿色、低碳和高效发展。

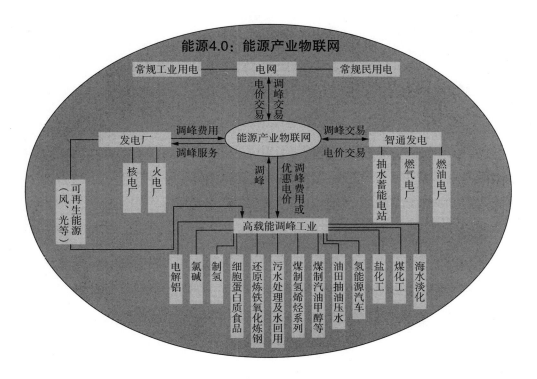

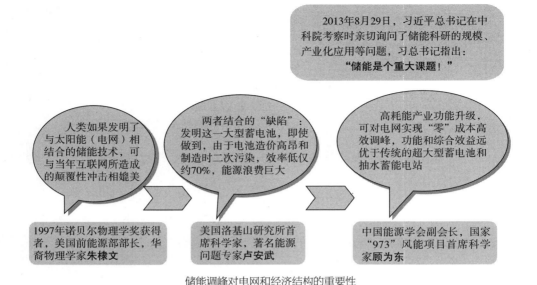

储能调峰对电网和经济结构的重要性

6. 中国能源4.0的技术路径

国家近年来大力推进新能源的开发，相继出台了很多政策。比如，2014年11月19日，国务院办公厅正式发布《能源发展战略行动计划（2014—2020年）》（以下简称《行动计划》）。《行动计划》明确到2020年，非化石能源占一次能源消费比重达到15%。2014年6月19日，国家发展改革委下发《关于海上风电上网电价政策的通知》，确定2017年以前投运的非招标的海上风电项目上网电价，并鼓励通过特许权招标等市场竞争方式确定海上风电项目开发业主和上网电价……

当然，这方面最有成就的要数国家"973"计划。在能源4.0理论框架下，早在2007年7月国家"973"计划项目经过三轮答辩，就获得科技部立项。如今"大规模非并网风电基础研究"项目取得了一定的成果。

其中，一些重点项目与企业合作建设了一批示范工程，已验收并可以大规模商业化，这些项目产业化的成功，不仅能够解决我国能源系统矛盾和难题，还能够创造若干个新兴产业，为我国能源4.0体系奠定了很好的基础。

（1）将我国工业耗电第一、产量占全球48.5%的电解铝产业实现功能升级，让电解铝企业扭亏为盈，其生产电力成本下降50%，经济效益提高4～8倍以上。

（2）将我国工业耗电第二、产量全球第一的氯碱工业功能升级，实现扭亏为盈，其生产电力成本下降40%，经济效益提高2～4倍。

（3）新能源海水淡化可以"风生水起"，百分之百使用风、光等新能源实现大规模海水淡化，解决我国淡水缺乏的世纪难题。所有海水淡化装备全部装进风机塔筒之中，实现高度集约化、一体化、国产化，淡化装备成本下降40%～50%，节省土地资源50%～80%。商业化后与电网动态调峰相结合，每吨淡水成本为2.5～3.5元人民币，将为我国北方地区日提供3000～5000万吨淡水能力变为现实（年供水100～150亿吨能力）。

（4）大规模新能源直接制氢（氧），用超低风速直驱风机和太阳能光伏直接电解水制氢（氧），为我国新型加氢天然气和氢内燃机车、氢燃料电池（技术储备）汽车及船舶提供强大的绿色动力。实现我国各省都是"大油田"，各市都是"炼油厂"，处处都有"加油站"的目标。

（5）风（光）/煤多能源系统：通过非并网多能源协同供电，实现煤炭多能源系统的清洁化利用，用新能源直接"嫁接"传统能源，大幅度提升传统能源的效率，商业化后与电网动态调峰相结合，实现煤炭清洁化利用，同样煤制气（油）产量，节煤50%，节水38%，二氧化碳零排放。简而言之，汽车烧的油、家里烧的气，有一半是"风吹、日晒"而来。

（6）新型太阳能热发电：将太阳能槽式、聚光式发电装置与高耗能产业进行"嫁接"，系统运行成本可降低40%，度电成本远低于目前的光伏电池，达到世界领先水平；并面向全球市场形成具有完整自主知识产权的新型高端装备制造业。

（7）细胞蛋白及食品：通过风、光、沼气等新能源和网电等与煤化工协同，实现工厂化大规模新能源煤基动物蛋白生产，解决食品安全瓶颈，并为我国实现城镇化和城乡一体化提供重要食品安全保障（在此基础上可探索高仿真型人工猪、牛、羊、鱼肉和奶及奶制品工厂化生产，最终让"动物走下餐桌"）。同样，生产的动物蛋白中有一半是"风吹、日晒"而来。

另一路径是开发"城市牧场"，用城市生活垃圾作为营养基规模化培育生产细胞蛋白及食品。项目实施后,一个年产10万吨级的单细胞蛋白工厂,一年所产的蛋白质相当于56万亩土地大豆产量的蛋白质。为我国真正实现大规模退耕还林、退耕还草和还我碧水、蓝天、白云奠定基础。

(8)镍铁合金与还原炼铁氧化炼钢等的绿色冶炼:新能源协同供电,商业化后与电网动态调峰相结合,实现镍铁等铁合金和规模化氢还原炼铁的绿色冶炼、节能减排、提高经济效益。

(9)城市污泥处理及水回用:新能源(风、光、沼气等)非并网协同供电与我国城镇化公共事业发展相结合,走出一条中国特色城市(镇)污泥、污水的自然高压、高效处理和废水高效回用、余热回收(供热、供冷)的新路。节省土地资源40%,为实现市场化、商业化、产业化自负盈亏发展城市大型基础性公共事业奠定基础。

(10)新能源煤制氢烯烃系列:通过新能源/煤多能源系统整合发展,商业化后与电网动态调峰相结合,走出一条中国特色非石油的烯烃产业路线,为下游近千种经济建设和人民生活必需品生产提供优质基础原料。同样,这些产品有一半也是"风吹、日晒"而来。

(11)建设"柔性"电网:通过高耗能产业功能升级为电能储蓄终端,起到为电网配套调峰的大型蓄电池作用,将我国以煤电为主的刚性电网转变为柔性电网,电网利用率从约30%提高到50%～55%,跃升到世界先进水平。美国电网每提高10%的利用率,年经济效益增加1千亿美元,在能源4.0中,我国电网效率提升后,将实现年经济效益增加1万亿(人民币)以上。使全国火力发电机组发电量通过内涵存量资产增加30%～40%,经济效益增长两倍以上(若将增加效益的50%让利于民,可使我国电网度电价格下降20%～40%,有利于提高全民生活质量和推动中小企业创业、大幅度增加就业机会)。

同时,实现我国风电和光伏电全部高效利用并推动风机、光伏等装备制造业井喷式、爆发性增长,新能源贡献率也轻松达到40%以上,全面达到世界先进水平,实现全国10年基本不需要再建大型火电厂,20年不需再新建核电站,为子孙后代消除"核恐惧"。

综上所述，通过以我国全球最大规模的高耗能产业的功能升级为契机，充分发挥中国特色的比较优势，构建能源4.0，引领全球建立能源产业互联网，发展智慧能源，重塑经济结构，实现我国经济发展新常态。

正是因为国家"973"计划，在能源4.0方面，中国走在了前列。2014年11月，第六届世界非并网风电与能源大会在北京召开，中国相关部门和国家"973"计划项目组共同举行了此次新闻发布会。世界风能学会麦加德主席，以及相关领域专家代表共计200多人出席发布会，此次大会的召开说明中国已经拥有了能源4.0方面的发言权。

里夫金这样描述未来的生活方式："未来，人们可以通过互联网，建立起一个像神经末梢式的分布式供电智能网络，把普普通通的电网变成一种能源型的互联网。成千上万分散的建筑，每一个都是一个小小的发电站。数以亿计的人们将在自己家里、办公室里、工厂里生产出绿色能源，并在'能源互联网'上与大家分享，这就好像现在我们在网上发布、分享消息一样。"

我们可以这样想象一下：在未来，每一个建筑物都是一个能源收集器，都集电、热、冷的采集和储存为一体，实现网络化的储存与传输，这是一种智能化的能源生态系统。

目前，德国已有100万座新型建筑可自行生产绿色能源，很多绿色能源都由分布式小建筑产生。它们的投资回报在7～10年左右，边际成本非常低。里夫金预计，从现在到未来10年，世界上数百万的建筑物都会被改造、被升级，开始变成新型的绿色分布式供能的建筑。

所以，能源4.0将是工业4.0的重要组成部分，也将成为世界新的经济增长点。另外，中国在能源4.0方面的探索已处于世界前列。

工业革命发展到4.0阶段绝非偶然，下面将分章分别再来回顾一下工业革命的每个不同阶段及其起源和特点。

CHAPTER 2

第二章

第一次工业革命

在第一次工业革命中英国究竟发生了什么,使之称为全球第一次工业革命的发源地?这次工业革命给世界带来了什么变化?为什么帝国主义要争相瓜分世界?

第一节　为什么是英国

历史上很多相似都是戏剧性的。中国人发明了火药，是为了炼丹；古埃及人发现了蒸汽动力，是为了开关庞大的庙宇大门，一个为了成仙，一个为了拜神，两大文明古国一直在向往神灵和天堂，就这样默默地供奉了几千年……

18世纪随着蒸汽机的巨大潜力被西方人发掘，"笛……"的一声长鸣拉开了人类历史上第一次工业革命；19世纪中叶的"轰轰"几声炮响，西方人用火药轰开了中国的大门。

这个时候人类才发现，真正能改变人类的，只有人类自己。

1. 圈地运动

英国是世界上第一个开始资产阶级革命的国家，从1640年查理一世国王召开新议会的事件开始，到1688年资产阶级和新贵族发动宫廷政变结束。可以说查理一世被送上的不仅是英国的断头台，也是历史的断头台。

最终，以新贵族阶级为代表推翻了封建统治建立起的英国资本主义制度的社会革命。实行君主立宪后，国王的大权衰落了，议会成了最高权力机构。资本主义率先在英国兴起，并逐渐占据统治地位。

人类有史以来诞生了各种阶层，最贪婪的就是资本主义阶层，资本主义的本性就是最大限度地追求剩余价值，直到现在人类社会的整体意识都是以此为先导的。

在14、15世纪，英国新兴的资产阶级通过暴力把农民从土地上赶走，强占农民土地及公有地，剥夺农民的土地使用权和所有权，限制或取消原有的共同耕地权和畜牧权，把强占的土地圈占起来，变成私有的大牧场、大农场。这就是英国历史上的"圈地运动"。

英国通过这场圈地运动，聚集了大量劳动力和生产原料，扩大了国内市场。再加上新航线的开通和美洲大陆的发现，以及环球航行的成功，英国通过殖民扩张又打开了海外贸易的市场，就这样市场缺口一下子被打开了。历史上每次工业革命在拉开序幕前总是市场先被打开。

有了市场，就必须进行生产，这样才能创造利润。原来那种手工作坊式的生产远远无法满足市场的需求。英国工厂积累了大量手工劳动时的经验技术，这是后来的法国、德国等都无法相比的。

2. 发明和创造

利润刺激了创新，贪婪带来了进步，于是各种发明和创造如雨后春笋般出现。

1712年，英国人汤姆斯·纽可门获得了稍加改进的蒸汽机的专利权。

1733年，凯伊·约翰发明了飞梭。

1765年，詹姆斯·哈格里夫斯发明了珍妮纺纱机。

1768年，阿克莱特发明了水力纺机。

1769年，詹姆斯·瓦特改良纽可门的蒸汽机为单动式蒸汽机。

1778年，约瑟夫·勃拉姆发明了抽水马桶。

1779年，克伦普敦发明了走锤纺骡（骡机）。

1782年，瓦特改良蒸汽机为联动式蒸汽机，1785年投入使用。

1785年，卡特莱特发明了动力织机。

1796年，塞纳菲尔德发明了平板印刷术。

1797年，亨利·莫兹莱发明了螺丝切削机床。

1807年，富尔顿造出用蒸汽机做动力的轮船。

1812年，特列维雪克发明了科尔尼锅炉。

1814年，斯蒂芬逊发明了蒸汽机车。

1815年，汉弗莱·戴维发明了矿工灯。

1825年，斯蒂芬森发明的蒸汽机车试车成功。

1844年，威廉·费阿柏恩发明了兰开夏锅炉。

……

这些发明大大提高了生产效率，比如用多轴纺纱机，一个人能同时纺8根纱线，后来是16根纱线，最后为100多根纱线，这就使得棉纺织工业在1830年完全实现了机械化。

但是，只有各种新型机械还是不够的，因为人们最后意识到，无论什么样的机械都需要动力，源源不断的动力才能从根本上保证无休止的生产。于是，一项伟大的发明出现了，那就是蒸汽机。

我们说到的蒸汽机，本来是为了从矿井里抽水和转动新机械的机轮，急需有一种新的动力之源，最后千转百回终于研制成了蒸汽机。后来38%的蒸汽机用于抽水，剩下的用于为纺织厂、炼铁炉、面粉厂和其他工业提供旋转式动力，这就是当时世界上的"力量之源"。

早在公元前120年，古埃及就有人曾研究蒸汽作为动力。据统计，在此后的1800多年里，试用蒸汽作为动力的发明者不下20人，但他们都未制成较为完善的蒸汽机，曾有人说："如果瓦特早出生100年，他和他的发明将会一起死亡！"由此可见，环境也是十分重要的。

所以，就像毛泽东所说的那样，真正推动历史进步的不是某个英雄，而是人民群众。这些发明和创造的本质都是人们在大量实践的积累上逐渐摸索出来的。比如，成熟的瓦特蒸汽机诞生之前，英国人托易斯·塞维利早已运用蒸汽机从煤矿里抽水，所以工业革命不能仅仅归因于一小群发明者的天才，但是天才无疑起了一定的作用。

第二节　瓜分世界狂潮

1. 英国成为霸主

那么，第一次工业革命使英国发生了哪些变化呢？

工业革命使英国的社会活动频繁增加，于是运输速度和工具显得更加重要。1761年布里奇沃特公爵在曼彻斯特和沃斯利的煤矿之间开了一条长7英里的运河。由此曼彻斯特的煤的价格下降了一半；后来，这位公爵又使他的运河伸展到默西河，为此耗去的费用仅为陆上搬运者所索取的价格的六分之一。这些惊人的成果引发运河开凿热，使英国到1830年时拥有了2500英里的运河。

1850年以后，筑路工程师约翰·梅特卡夫、托马斯·特尔福德和约翰·麦克亚当发明了修筑铺有硬质路面、能全年承受交通的道路技术。乘四轮大马车行进的速度从每小时4英里增至6英里、8英里甚至10英里。夜间旅行也成为可能，因此，从爱丁堡到伦敦的旅行，以往要花费14天，这时仅需44小时。

18世纪中叶英国已普遍使用钢轨或铁轨作为铁路，这种轨道提高的不仅是运输速度，也是运输能力。

蒸汽机被安装在货车上。短短数年内铁路支配了长途运输，到1838年，英国已拥有500英里铁路；到1850年，拥有6600英里铁路；到1870年，拥有15 500英里铁路。

蒸汽机还被应用于水上运输。"天狼星号"和"大西方号"汽船分别以16.5天和13.5天的时间朝相反方向越过大西洋,行驶时间为最快的帆船所需时间的一半左右。到1850年,汽船已在运送旅客和邮件方面胜过帆船,并开始成功争夺货运市场。

后来电报又被发明出来。1866年,人们铺设了一道横越大西洋的电缆,建立了东半球与美洲之间直接的通信联络(这次发明已经延伸到了第二次工业革命)。

从此,英国人征服了时间和空间。自远古起,人类一直以坐马车、骑马或乘帆船所需旅行的小时数来表示不同地方之间的距离。而此时人类能够凭借汽船和铁路越过海洋和大陆,能够用电报与世界各地的同胞通信。这些成就和其他一些使人类能利用煤的能量、能成本低廉地生产铁、能同时纺100根纱线的成就一起,表明了工业革命在第一阶段的影响和意义。这一阶段世界统一的程度极大地超过了世界早先在罗马人时代或蒙古人时代所曾有过的统一程度,并且使英国对世界的支配成为可能,这种支配一直持续到工业革命扩散到其他地区为止。

每次工业革命都会带来新一轮世界格局的变化,总会有大国开始崛起。英国——一个欧洲文明边缘的岛国,率先完成了第一次工业革命,一跃成为世界头号强国。

在第一次工业革命之前,15、16世纪的地理大发现打破了世界各大洲相互孤立的局面,加强了各大洲之间的联系。但是,这种联系不是经常的,是片面的,因而也就不存在现代意义上的国际关系。第一次工业革命之后,天文、地理、航海等各方面都得到了极大发展。欧洲、亚洲、美洲、非洲逐渐联系在一起。

各大洲之间,各个国家之间的往来更加密切频繁,1870—1913年,世界贸易增长了3倍多。当时的世界已经出现一体化,英国的工业革命也蔓延到了欧洲其他地区。1789年,法国爆发了大革命,废除了封建统治阶级的特权,为法国资本主义的发展扫清了道路。拿破仑上台以后,也十分重视科学技术的发展,为法国的工业革命创造了条件。到1830年,仅仅法国就雇用了15 000 ~ 20 000名英国工人来操纵新机器。此后美国、俄国、日本也开始并完成了工业革命，逐步成了英国霸权的潜在竞争者。

这个时候的德国呢？其实德国的工业化方式是比较特别的。当时德国政治上不统一、交通工具不良、行会强大以及其他种种原因，德国开始时发展速度很慢。1871年，德意志帝国的建立，促成了这一惊人的进步。同时，阿尔萨斯—格林地区的获得，使德国丰富的自然资源又增加了宝贵的铁储备物。但是，1871年以后，德国工业以巨人般的步伐前进，追赶了上来。德国还占有这样的优势：一开始就拥有比英国较陈旧的设备但更有效的新式机械。而且，德国政府还通过建立运河网和铁路网，必要时提供关税保护和津贴，制定出了能培养一大批训练有素的科学家、技师的教育制度。这些因素使德国到1914年时能在钢铁、化学和电力工业方面超过欧洲其他所有的国家，能在采煤和纺织工业方面跟随英国之后。1914年，德国工业中的工人人数上升为总劳动力的五分之二，而农业中的劳动者人数则下降为总劳动力的三分之一。

这个时候欧洲强国，尤其是英国、法国和德国对外国进行了大量的投资。例如英国，到1914年已在国外投资了40亿英镑，等于其国民财富总数的四分之一。法国也已在国外投资了450亿法郎，约合其国民财富的六分之一。德国虽然是后起者，一直将其大部分资本用于国内工业发展，但也在海外投资了220～250亿马克，约合其国民财富的十五分之一，到1914年，欧洲已成为世界的银行。

2. 帝国主义的魔爪

列宁说过："资本主义如果不扩大统治范围，不开发新的地方，或者不把非资本主义的古老国家卷入世界经济的漩涡，它就不能存在与发展。"

每一次工业革命都必须有大量的资源作为基础，都要互相争夺生产资料。就好像工业4.0时代的智能设备、大数据、移动互联网一样，蒸汽机、煤、铁、钢就是第一次工业革命的原材料。

新机械设备和蒸汽机的大量运用，使得英国对铁、钢和煤的需求量大大增加。比如，英国到1800年时生产的煤和铁比世界其余地区合在一起生产的还多。

更明确地说，英国的煤产量从1770年的600万吨上升到1800年的1200万吨，进而上升到1861年的5700万吨。同样，英国的铁产量从1770年的5万吨增长到1800年的13万吨，进而增长到1861年的380万吨。

英国如此，其他国家也如此。但这些原料——黄麻、橡胶、石油和各种金属，大部分来自世界未开化的地区，而本国资源是有限的，这个时候只有将手伸向其他国家和地区，才能继续满足它们日益扩张的需求。于是发展起来的资本主义国家开始瓜分世界了。

英国于1815年占领开普和锡兰殖民地，于1840年占领新西兰，于1842年占领香港，于1843年占领纳塔尔。同样，法国在1830—1847年间征服阿尔及利亚，在1858—1867年间征服印度支那，此外，1862年，它还试图在墨西哥得到一块立足地，但没有成功。1870年以后，"新帝国主义"使地球的很大一部分表面成为欧洲少数强国的附属地。

工业化的欧洲强国不仅完全拥有这些巨大的殖民地，而且还控制了那些由于种种原因而未被实际共容的、经济和军事上软弱的地区。中国、奥斯曼帝国和波斯就是例证。它们名义上都是独立的，但实际上却经常遭到掠夺、蒙受耻辱、受到强国以直接或间接的种种方式进行的控制。拉丁美洲也是各强国的经济附属地，大俄罗斯帝国也在很大程度上受到西欧的经济控制。

在1871—1900年的30年间，大英帝国土地增加1100万平方千米（425万平方英里）、人口增加6 600万；法国使其土地增加906万平方千米（350万平方英里）、人口增加2600万；俄国在亚洲增加了1295万平方千米（500万平方英里）土地和650万人口；德国增加了130万平方千米（50万平方英里）土地和1300万人口；甚至小小的比利时也设法获得了233万平方千米（90万平方英里）土地和850万居民。到1914年，地球的大部分和世界上的大部分人口已受到欧洲少数国家及美国直接或间接的支配，这一发展是人类历史上前所未有的。

需要强调的是，在资本主义原始积累时期，这些列强与殖民地之间的贸易方式是野蛮的，是不平等的。他们通过海盗式的掠夺土地、欺诈性的贸易和强制性的贩卖奴隶等方式来实现原始积累。有个阿根廷人曾在1878年撰文评论道:"一支军队能越过整个南美大草原,使地面上盖满敢于反对他们人的尸体。"

所以,这个世界就是弱肉强食。无论道义被怎样践踏,上帝总是保持沉默。要想自立,唯有自强!

现在很多年轻人喜欢看励志书籍,其实最好的励志书就是中国近代史,中国之所以遭受欧美列强欺负,就是因为天朝大国总是高枕无忧,缺乏居安思危的意识,结果导致我们比世界慢了一个节拍。

CHAPTER 3

第三章

第二次工业革命

在第二次工业革命中美国和德国是如何后来居上的?它们凭借什么势头主导了第二次工业革命?中国的工业运动为什么失败了?日本为何要侵略中国?两次世界大战是偶然吗?

第一节 为什么是德国和美国

1. 电气时代

1864年,德国人麦克斯韦结合电和磁的知识,首先在理论上证明了无线电波的存在。

1866年,德国人西门子制成了发电机,后来实际可用的发电机问世。

随后,电灯、电车、电影放映机相继问世……

1870年左右,美国人贝尔发明了电话。

1877年,美国人爱迪生在经过上千次的实验后成功发明了电灯,给整个欧美工业世界带来了光明。

1882年9月4日,纽约珍珠街建立起第一座火力发电站,用6台"巨象"发电机向85个单位、2300盏电灯供电。

电器开始用于代替机器,成为补充和取代以蒸汽机为动力的新能源。人类从此进入了电气时代。

与第一次工业革命的发生地不同,第二次工业革命几乎同时发生在几个先进的资本主义国家,尤其以美国和德国最为典型。这是为什么呢?

英、法等国在经历第一次工业革命后已经形成较为完整的工业体系。英、法已经成为主要资本输出国，本国生产能效的更新成本比较高，在资本家看来，拆毁旧的还可以继续使用的机器设备，换上新的机器设备是不划算的。所以英、法老牌资本主义国家不愿意采用新技术、新设备。

2. 美国的崛起

美、德是后期的资本主义国家，愿意采用新技术。比如美国，在大规模用电之前还经历过一场"交直流大论战"。爱迪生研制的直流发电机为110伏，电压低、输电距离短。1886年威斯汀豪斯公司的特斯拉发明了交流发电机，并建起了一座交流发电站。这时美国掀起了一场交直流输电的大论战，由于交流输电成本低、功率大，电路耗损小，最后交流输电法获胜，并在美国和欧洲推广。1895年采用三相交流系统的尼亚加拉大型水电站建成，输出电力15 000马力。到1917年，美国仅公用电站就有4364座，发电量438亿度，美国电力工业跃居世界第一位。1888年特斯拉发明了交流电动机，它与传统的各种机械相结合，使电力广泛地应用于工业，1914—1927年在制造业中使用的电力由占动力总量的39%提高到78%，电力迅速取代蒸汽动力在工业中占据了统治地位。

电力应用的另一个重要领域是通信业。1837年，美国电学家亨利发明了电报机，1845年在华盛顿和巴尔的摩之间架设了有线电报系统。电话也进入普及阶段，1880—1900年全美电话由47 000台猛增到1000万台。20世纪初美国又引进了无线电技术，1906年德雷福斯发明了三极管，1920年世界上第一个广播电台——美国的"KOKA电台"正式广播，到1924年美国已有500家电台。电信、广播事业的发展，使信息技术跨入一个新的时代。

另一个值得一提的就是汽车的诞生。德国和美国在这方面是领先的。美国在19世纪90年代开始引进汽车制造技术，1903年创办福特汽车公司，1906年生产福特设计的A型汽车，1908年又研制成功T型汽车，并采用了零件标准化和固定装配线，1913—1914年又改用流动装配线，提高了生产效率并降低了成本，每辆汽车的售价从1908年的850美元降到1929年的260美元。1900—1929年美国汽车的登记总数由8000辆猛增到2675万辆，平均每4个人就有一辆汽车，美国已成为汽车王国。

再者就是飞机。内燃机的发明也为人们翱翔于天空提供了理想的动力,1903年莱特兄弟发明了第一架飞机,到第一次世界大战结束时,美国已有24家飞机制造厂,年生产飞机21 000架。汽车和航空工业的兴起标志着交通运输业的第二次革命,它推动了钢铁、石油、橡胶和精密仪器仪表工业的发展。

另外,美国的自然和人力禀赋是第二次工业革命里最具优势的国家。它拥有巨大的原料宝库;土著和欧洲人充分的资本供应;廉价的移民劳动力的不断流入;大规模的巨大的国内市场、迅速增长的人口及不断提高的生活标准……

科学的大发展,也使得人们思想大解放,美国的民族文化进入一个新的历史时期。美国人接受了达尔文的进化论,放弃了"神创说",开始用科学的眼光来认识自然界和人类自身,促进了神权的崩溃和科学文化的发展。20世纪初,实用主义哲学代替了新黑格尔唯心主义哲学,它反对宿命论,强调人的创造性,要求一切从实际出发,而不是从理论和逻辑出发,主张通过实际效果检验一切理论和学说,提出了"真理就是有用,有用就是真理。"

3. 德国的崛起

德国在完成统一大业不久,整个国家在俾斯麦的领导下非常重视教育,他的一位将军打败法国皇帝后说:"今天的胜利早在小学教师的课堂里就注定了!原来德国以前分裂成314个国家,1806年被拿破仑征服后,我们为什么没有被拿破仑打败?因为割地、赔款都行,但我们没有穷了教育,从来没听说办教育会把一个国家办穷、办亡国的!"就这样普鲁士实行免费教育,孩子不上学、逃课是要罚款的。德国的文盲率1841年是9.3%,1865年是5.52%,1881年为2.38%,1895年降至0.33%,学龄前儿童的入学率在20世纪60年代已达到百分之百。

从16世纪中期开始德意志境内各邦先后颁布了普及义务教育法(如1559年威丁堡、1619年魏玛等)。在中等教育方面,17、18世纪德国中等教育的主要形式是文科中学,培养医生、律师、牧师和政府官吏等社会上层职业者。18世纪出现了实科中学,典型的有1708年席姆勒创办的"数学、机械学、经济学实科学校"

和1747年赫克开办的"经济学、数学实科学校"等。在高等教育方面，1694年建立了欧洲第一所新式大学——哈勒大学，被誉为"现代大学的先驱"。

到了18世纪末，德国所有大学都按哈勒大学的模式进行了改革，19世纪上半叶的教育改革更使德国处于领先地位。洪堡进行了包括学制、课程、教学方法、考试、学校管理、师资建设等内容的全面教育改革，建立起一套崭新的教育制度。在哲学家费希特人文主义思想影响下，德国开始整顿小学教育，改革中等教育。1810年创设柏林大学，1821年设立以技术教育为主的柏林实业学校，各地纷纷设立中等技术教育学校。

德国教育制度改革的成果到19世纪中叶开始产生影响。在德国工业革命中起到先驱作用的柏林机械工业的核心人物玻尔西希就毕业于此类学校。其中，尔斯鲁厄工业大学（1865年）、慕尼黑工业大学（1868年）、亚琛工业大学（1870年）、柏林工业大学（1879年）等学校，到19世纪后半叶发展为高等工业学府，为工业革命培养了一大批优秀人才。

另一方面，在普鲁士带动下德国全境竞相修筑铁路，到1870年全德半数的铁路收归国有，私营铁路也受各邦国政府控制。德国统一后再次出现兴建铁路高潮，开始进入第二个铁路时代。1870年，铁路长达18 667千米，到1910年达59 030千米，1914年增至61 749千米。到20世纪80年代，密布的铁路网已经形成，长度超过中、西欧等国，密度超过所有欧洲国家。

铁路网的形成，把德国沿海与内陆、原料产地与工业中心、城市与乡村都连接起来，一个巨大的国内统一市场逐渐形成，猛烈促进了煤炭、钢铁、机械制造、冶炼等新兴工业及重化工业的发展，并刺激了德国新生产技术的采用与工业化的深入。

此外，德国的海运和内河航运、港口也获得了新的发展。自20世纪80年代后，汉堡、不来梅两个滨海港口经过不断的扩建，已成为海外贸易的枢纽，涉外航线分别为12条和4条。德国轮船成为一支足以与英国海运匹敌的船队。

以上各种因素使德国在20世纪初经济总量超过英国，成为仅次于美国的世界第二大经济体。

德国人用了30年就完成了英国人走了100多年的工业化道路。历史就是这样现实，我们一定要意识到时刻创新的重要性，如果没有时刻创新的意识，依然会被超越。

德国的兴起，还有两点值得中国借鉴，一是始终维护国家和民族的统一，这种统一包括了政治上、思想上、经济上的统一；二是努力争取和利用好一个相对和平的周边环境来发展自己。

所以，第二次工业革命在美国和德国最先开始，使它们一跃而起，以新兴的钢铁、石油、电气、化工、航空等工业震撼了世界，后来者居上。而此时的英、法老牌资本主义国家开始暴露其资本主义的腐朽性，经济发展步伐相对迟缓。美、德两国的工业经过了这次变革之后，远远地走在了英、法的前面，1860年美国工业产值在世界工业总产值的比重占17%，1890年则上升到31%，英国下降到22%，美国成为世界上最发达的资本主义国家，开始和德国一起挑战英国统治下的单极国际格局。

第二节 日本侵略中国

1. 日本工业革命

这一节是中国的伤疤，是一段怎么都逃避不了的历史。让我们再从新的角度来梳理一下那段曲折的过程，借助历史这面镜子再重整一下衣冠。

我们先来看一下日本的工业革命。

19世纪中期的日本还跟中国一样，在德川幕府的统治下实行锁国政策，禁止外国的传教士、商人与平民进入日本,也不允许国外的日本人回国,甚至禁止制造适合于远洋航行的船只。在此期间,只允许同中国、朝鲜和荷兰等国通商,而且只准在长崎一地进行。此外,德川幕府亦严禁基督教传播,国民也没有信仰自由。

在这种封建制度压制之下,日本的社会生产力低下,人民生活困苦,幕府的统治者却不断加紧盘剥和压榨。所以,当时的日本社会急需一场革命来摆脱这种困境。不堪忍受幕府统治和外国侵略者压迫的日本民众纷纷要求"富国强兵"。他们拿起武器,开展了轰轰烈烈的倒幕运动,就像英国的资产阶级革命、法国大革命一样,日本通过这场倒幕运动完成了它的资产阶级革命,建立了君主立宪政体。

于是新的明治政府开始实行一系列学习西方的改革。

(1)学习西方文化及习惯,翻译西方著作。停用阴历,改用太阳历。

(2)废除原有土地政策,许可土地买卖,实施新的地税;废除各藩设立的关卡;统一货币,设立日本银行(国家的中央银行);撤销工商业界的行会制度和垄断组织,推动工商业的发展(殖产兴业)。

(3)选派留学生到英、美、法、德等先进国家留学。发展近代资产阶级性质的义务教育,全国设立了8所公立大学、245所中学、53 760所小学。灌输孝道、忠君爱国等思想(日本人的忠君思想就来自这里,当然也为日后的对外扩张铺路)。

(4)大幅提升军事预算,实行军国主义、武士道精神。改革军队编制,陆军参考德国训练,海军参考英国海军编制;颁布征兵令,凡年龄达20岁以上的成年男子一律须服兵役(这使日本在1873年时作战部队动员达40万人)。

(5)兴建新式铁路、公路。1872年,第一条铁路——东京(新桥)至横滨(樱木町)间铁路通车,到了1914年日本全国铁路总里程已经超过7000千米。

(6)仿效西方订立法式刑法,于1898年订立法、德混合式民事法,于1899年订立美式商法。

……

这次改革又称为明治维新，可以看出这是一系列的西化式改革。

进入19世纪80年代以后，明治维新各项重要改革陆续完成，政局日趋稳定，并在1880—1885年整顿了货币，稳定了通货，为集中力量发展经济，大规模地输入外国技术设备，为私人向工矿业投资创造了有利条件。

以1880年后明治政府廉价地向私人转让官营模范工厂为契机，出现了私人创办和经营近代企业的高潮，从此日本的产业革命进入了迅速展开的新阶段。

1884—1893年的10年间，工业公司的资本增加了14.5倍。1893年拥有10个工人以上的工厂已达3019家，其中，使用机械动力的675家，职工38万人，产业革命已逐渐扩展到一切主要工业部门。其重点也从过去以官营军事工厂为中心的重工业转移到以私营纺织业为中心的轻工业。1885—1894年，纱锭增加5.8倍。到1890年，日本就从棉纺织品进口国变成了棉纱出口国。

2. 日本侵略中国

日本经过20多年的改革发展日渐强盛，先后废除了幕府时代与西方各国签订的一系列不平等条约，重新夺回了国家主权，最终进入了近代化。可以说，明治维新是日本历史的转折点，使日本"脱亚入欧"，从此走上了独立发展的道路。

但是日本的革新是不够彻底的，带有浓厚的封建性，如日本的财阀组织，像三井、三菱、住友、安田等，这些组织不是以银行为中心形成的，而是以家族血缘关系为中心结成的特殊形式的"家族康采恩"，其组织内部维持着森严的宗法式家族统治；在日本的工矿企业中，封建式的剥削方式，像师徒制度、包身工制度、罚款、减薪、减食等盛行，也就是说此时日本的经济结构是畸形的。

这就导致了日本工业革命一开始就没有稳固的基础。发展工业的资金来源大部分靠农民缴纳的地租和地税，进口机器设备主要靠出口生丝的收入，工业品的市场也主要靠占人口70%的农民，而农业是沿着半封建小农经营的道路发展的。资本主义一开始就缺乏稳定的国内市场，落后的农业、狭小的国内市场同迅速发展的大工业之间的尖锐矛盾，使刚刚发展起来的纺织工业在1890年就陷入了生产过剩危机……

此时日本急欲向外寻找市场，于是出现了各种各样向海外扩张的热潮，盛极一时。另外，日本作为一个后起的资本主义国家，缺乏像英、法等老牌资本主义国家那种长期、稳定的工业技术发展过程，无论在资本力量还是技术水平方面，它都不具备同欧美资本主义进行对等竞争的能力。这决定了它只有避开自由竞争，依靠军事上、政治上的独占来强烈地寻求足以弥补这种缺陷的市场，即殖民地。

另外一个重要原因就是，日本是一个资源贫乏的岛国，它除了向美国输出本国的生丝和向东南亚地区输出加工的棉纺制品外，就是以政治军事为后盾，把大量的棉制品和重工业品输出到中国等殖民地和势力范围，并从那里输入国内所缺乏的农产品和工业原料。再加上封建生产关系的存在，日本的资本主义生产力难以得到自由和全面的发展。

日本在明治专制主义政权之下，为了转移国内矛盾和进行对外掠夺，1894年7月25日未经宣战即发动了侵华战争——甲午战争，走上了对外侵略的道路。结果就是迫使中国清政府与之订立了《马关条约》。

这次战争是日本由被压迫国家变为压迫别国的转折点，也是日本工业革命进入完成阶段的转折点，战后比战前高出两倍的军事开支，使资本家得到大批军事订单，积累了巨额资本。

战后日本靠从中国索取的巨额赔款作为基金，在1897年10月实行了金本位制，提高了日本的金融地位，并利用战争赔款大规模加强陆海军建设，扩建铁路网，极大地推动了私人资本的发展；同时，战争也使日本独霸了朝鲜市场，夺占了部分中国市场，扩大了日本商品的销路。因此，以甲午战争为起点，日本再次出现了投资热，工业、交通运输业及金融贸易都获得了大发展。

到1898年，纱锭突破了100万支，机器纺纱占了绝对优势，1900年机器缫丝也占了生丝总产量的51.7%，日本进入了世界纺织工业发达国家的行列。在军事工业带动下，重工业也开始改变面貌。1897年开始动工兴建的最大钢铁厂——八幡制铁所，于1901年投产，使日本迈出了钢铁自给的第一步。

20世纪初煤产量自给有余，1905年已有260万吨出口。以钢铁工业和采煤工业的发展为基础，造船、铁路和航运发展很快。1898年，三菱的长崎造船所建造的6172吨的大型轮船"常陆丸"号接近了世界水平。这一年建造轮船总吨位达到10万吨，日本成为造船大国。跨入20世纪时，日本近代工业的主要行业都已经逐渐发展起来，大机器生产明显地占了优势，基本上实现了工业革命。

可以说，日本的工业革命是在特殊历史时期运用特殊手段完成的。日本的资本原始积累是在战争中完成的。它用武力掠夺国外资金来源和市场，虽然没有牢固的工业基础，但仍然较快地建立了近代大工业，也是用30多年时间就走完了欧美国家接近百年才走完的路程。

另外，日本的两次工业革命是交叉进行的。既吸收了第一次工业革命的技术成果，又直接利用了第二次工业革命的新技术，经济发展速度也比较快。除此之外，日本一些私人资本也与政府密切勾结，受政府特殊保护的三井、三菱等少数特权资本占统治地位。

第三节　中国败在哪儿

1. 洋务运动

在全世界掀起一股工业革命浪潮时，中国并没有无动于衷。

洋务运动又称自救运动、自强运动，是中国在19世纪60～90年代由清政府的"洋务派"进行的一场引进西方军事装备、机器生产和科学技术以维护封建统治的"自强"、"求富"运动。

当时中国的时局已经越来越动荡，内忧外患。刚刚镇压了太平天国运动，就被西方大炮轰开了大门，面对两次鸦片战争的失败，面临中国"数千年未有之变局"，恭亲王爱新觉罗·奕䜣痛定思痛，意欲图强。

在此之前很多"放眼看世界"的学者就提出了学习西方的思路，例如，魏源在《海国图志》中主张"师夷长技以制夷"，冯桂芬在《校邠庐抗议》中主张"以中国之伦常名教为原本，辅以诸国富强之术"。

于是一场革新运动轰轰烈烈地开展起来，朝中有爱新觉罗·奕䜣，地方大员有李鸿章、张之洞、曾国藩、左宗棠等湘淮集团，此外还有沈葆桢、唐廷枢、张謇等。他们主张学习西方的声、光、电、化、轮船、火车、机器、枪炮、报刊、学校等，提倡兴"西学"、"洋务"，办军工厂，生产新式武器、建立新式军队。

我们知道，历史每逢改革，必然要出现"守旧派"和"革新派"，而且两派水火不相容。事实上，洋务派也遭受了很大的阻挠，比如，与之相对立的顽固派。当时同治帝的老师、工部尚书、大学士倭仁、宋晋等都是顽固派的代表，他们高唱"立国之道，尚礼义不尚权谋，根本之图，在人心不在技艺"，主张"以忠信为甲胄，礼义为干橹"，抵御外侮。

洋务派认为守旧派"陈甚高，持论甚正。中外臣僚正由于未得制敌之要，徒以空言塞责，以致酿成庚申之变"。洋务派与顽固派互相攻击，斗争十分激烈。当时的慈禧太后明白，在内外交困的形势下，要保持清朝的统治地位，必须依靠外国侵略者赏识的洋务派，所以她暂时采取了支持洋务派的策略。

洋务派登上清朝的政治舞台后，大规模引进西方先进的科学技术，兴办近代化军事工业和民用企业，中国的近代化运动迅速开展起来。

1861年，曾国藩创办的安庆军械所，任用中国工匠，仿制西式枪炮，是中国最早的近代军事工业。从1862年起，用三年时间研制成功中国第一艘轮船"黄鹄"号。

1862年，在北京设立专门培养翻译人员的"同文馆"，这是清代最早的"洋务学堂"（1902年并入京师大学堂）。

1863年，在上海设立"广方言馆"；第二年又在广州设立一个"广方言馆"。"广方言馆"的主要目的，就是在于培养通晓外语的人才。

1865年，在上海建立江南机器制造总局，内设翻译馆；同年，又在南京建立金陵机器制造局。

1866年，在福州建立马尾船政局。

1870年，在天津建立军火机器总局（后改名为北洋机器制造局）。

1872年，李鸿章在上海建立了轮船招商局。这是洋务派创办的第一个民用企业。招商局开办仅三年时间，就为清政府回收了一千三百多万两银子，还将业务发展到外国，打破了外国航运公司的垄断局面。

1875年，建议在各省设立洋学堂；创立科举考试中"洋务进取"一项。

1878年，左宗棠在兰州建立兰州织呢局，这是中国最早的一家机器毛纺织厂，成为中国近代纺织工业的鼻祖。

1880年，在上海建立机器织布局，这是中国最早的机器棉纺织厂；同年，在天津设立京师学堂，购置军舰；设立南北电报局。

1881年，设立开平矿务局。

1882年，建立旅顺军港。

1885年，清政府新设立了海军衙门；在天津设陆军武备学堂。

1890年，在汉阳建立湖北枪炮厂；在湖北、江西设立汉冶萍煤铁厂矿公司。

当时的江南制造局、金陵制造局、福州船政局、天津机器局等一批大型近代化军事工业相继问世。短短几年中，中国就已经具备了铸铁、炼钢以及生产各种军工产品的能力，产品包括大炮、枪械、弹药、水雷和蒸汽轮船等新式武器，装备了一些军队。同时还开办了天津北洋水师学堂、广州鱼雷学堂、威海水师学堂、南洋水师学堂、旅顺鱼雷学堂、江南陆军学堂、上海操炮学堂等一批军事学校。

中国近代矿业、电报业、邮政、铁路等行业相继出现。轻工业也在洋务运动期间得到大力发展。中国近代纺织业、自来水厂、发电厂、机器缫丝、轧花、造纸、印刷、制药、玻璃制造等，都是在19世纪70～80年代开始建立起来的。

然而，1894年甲午中日战争爆发了，结果一年后北洋海军全军覆没。要知道北洋海军是洋务运动军事方面的最高成果。北洋海军的溃败标志着清朝海军实力的完全丧失，也让持续了35年的洋务运动宣告失败……

所以，我们很有必要探讨一个问题，为什么欧美、日本这些国家的工业革命都成功了，而中国的"工业革命"却失败了呢？

2. 失败总结

水木然点评：

放眼四望，你会发现英国、法国、德国、美国、日本这些国家在进行工业革命之前都进行过资产阶级革命。英国大革命，把查理一世推上了断头台，颁布了《权利法案》，建立了君主立宪制；法国大革命，把路易十六推上了断头台，颁布了《人权宣言》；美国通过独立战争和南北战争，先后颁布了《独立宣言》和《宅地法》，彻底扫清了资本主义发展的障碍；日本也发生了倒幕运动，推翻了德川幕府的封建统治，建立了君主立宪政体，推行"殖产兴业"和"文明开化"……

这些国家在进行工业革命之前，都清扫了封建专制制度，建立了新的政权。新的政权代表了先进的生产力，也代表了先进的发展方向。

而中国呢？中国的洋务运动其实是一场由没落的封建大地主统治阶级领导的自救运动，这个阶级已经处于世界的边缘，他们不能代表先进的生产力，更不愿彻底去瓦解落后的封建生产关系。因此，这个问题落到实处就表现为：洋务派的封建思想依然根深蒂固，官僚主义依然盛行，他们缺乏彻底的革新，守旧派从中不断阻挠等。

洋务运动中，虽然洋务派自我标榜"自强新政"，但由于他们都是封建传统思想的卫道者，根本无意于学习资本主义的政治经济制度，主张学习西方技术，却并不愿意对封建制度进行变革，只想用先进的技术来拯救落后的封建王朝。所以，这怎么可能是一场真正的工业革命呢？

美国汉学家芮玛丽这样评价这一阶段的"洋务"运动："不但一个王朝，而且一个文明看来已经崩溃了，但由于19世纪60年代的一些杰出人物的非凡努力，它们终于死里求生，再延续了60年。"

我想这段历史对于如今的企业转型、国家经济升级仍有很好的借鉴意义。转型和升级不是一个口号喊出来的，而是一定要敢于牺牲落后的生产机制，一定要组建崭新的生产关系。

虽然这场运动以失败告终，但却是中国工业化的起步，也是中国近代化的开端。

3. 辛亥革命

洋务运动失败的根本原因是因为发起者代表的是地主阶级，但是后来的辛亥革命虽然推翻了清政府统治，而且也在修铁路搞建设，为什么没有完成工业革命？

辛亥革命把斗争的主要矛头指向清政府，并没有把地主阶级作为整个封建统治阶级来反对，"民权主义"的内容是"创立民国"，孙中山代表的民族资产阶级对地主阶级抱有不切实际的幻想，这就给旧官僚、地主、军阀混入革命阵营以可乘之机。

武昌起义成功后，仇视革命的旧军官黎元洪被推举为湖北军政府的都督，立宪党人汤化龙做了民政部长。在清政府统治土崩瓦解的情况下，各省立宪派和旧官僚摇身一变，开始投机革命，从而控制了大部分地区政权，使革命潜伏着失败的危机。

1911年12月初，南北双方达成协议。孙中山发表声明，表示只要清帝退位，袁世凯赞成共和，即推举袁世凯为大总统。孙中山代表的新革命势力对以袁世凯为代表的旧军阀势力不断地妥协退让，最终导致了辛亥革命的失败。

另外，他们还忽视了中国近代史上真正的民族敌人——帝国主义。南京临时政府成立后，为了争取帝国主义的支持，在"告各友邦书"中承认了清政府与帝国主义各国签订的一系列不平等条约继续有效。这说明了革命党人缺乏反对帝国主义的勇气，对帝国主义还抱有幻想，实事是直到南京临时政府宣告结束，也没有得到帝国主义国家的承认。

所以，辛亥革命并没有打算走上一条独立自强的道路。历史一再证明，图强和谋变，一定要先自强。

纵观世界，工业革命不仅是工业上的革命，也是一场政治上的革命。创新的一个前提就是独立自主。而这一点，在新中国得到了验证。

第四节　世界大战与科技发展

1. 世界大战

两次工业革命也给人类带来了很大成果。欧洲的资本和技术与不发达地区的资源和劳动力相结合，首次组成一个完整的世界经济体时，世界生产率无法估量地提高了。事实上，世界工业生产在1860～1890年间增加了三倍，在1860—1913年间增加了七倍。世界贸易的价值从1851年的64 100万英镑上升到1880年的302 400万英镑、1900年的404 500万英镑和1913年的784 000万英镑。

另外,从这个时候开始,很多产品开始标准化。美国发明家伊莱·惠特尼为政府大量制造滑膛枪。其中,有位访问者对惠特尼的这种革命性技术的基本特点做了恰当的描述:"他为滑膛枪的每个零件都制作了一个模子,据说这些模子被加工得非常精确,以致任何滑膛枪的每个零件都可适用于其他任何滑膛枪。"在惠特尼之后的数十年间,机器被制造得越来越精确,因此,用模子(模具)可生产出大量的、完全一样的零件。

我们可以得出结论,到1914年,工业革命已从它在不列颠群岛的最早的中心地大大地向外传播。实际上,这一传播已达到如此巨大的规模,以致英国这时不仅面临可怕的竞争,而且已被另外两个国家——德国和美国所超过。

1860 年	1870 年	1890 年	1900 年	1970 年
大不列颠	大不列颠	美国	美国	美国
法国	美国	大不列颠	德国	苏联
美国	法国	德国	大不列颠	日本
德国	德国	法国	法国	德国

强 ⇓ 弱

当蛋糕做大之后,就是分蛋糕的问题。那么问题来了:后起之秀美国和德国要求重新瓜分殖民地。

1898年美国挑起了第一次重分世界的战争——美西战争,这是美国大规模对外侵略的开端。20世纪初,美国政府提出了"金元外交"和"大棒政策",通过经济渗透和军事侵略,猖狂地向拉丁美洲和远东进行扩张。

但是,19世纪末世界领土已被欧洲列强瓜分完毕,最主要的是:英国和法国这种老牌国家怎么可能那么容易就妥协呢?从而就导致了第一次世界大战和第二次世界大战的爆发。

2. 科技发展

关于两次世界大战的具体开始、过程和结果,以及给人类带来的灾难,已经是老生常谈,这里不再赘述。下面我们就来看看科技是如何在战争中得以发展的。

（1）机关枪。在战争过程中，交战双方必然都会以消灭对方和保存自己为目的，这就促使战争武器性能的不断提升。为了增加杀伤数量，子弹连续流动式步枪开始出现，也就是俗称的机关枪。在这一进程中，枪械制造行业经受住了巨大考验，耐高温和耐高强度撞击的钢铁冶炼技术得到了长足发展。也因此钢铁工业得以发展，并被运用到其他行业。

（2）坦克。1916年9月15日，英国和德国军队在索姆河上进行着大规模的战斗，双方都坚守着自己的阵地，谁也没有突破对方阵地。突然，从英军阵地上传来隆隆的巨大响声，一群钢铁碉堡似的怪物，冲出阵地，向德军阵地压去。德军士兵见到这些怪物，拼命朝它射击，用炮轰击，可是那怪物刀枪不入，一边还击一边照样隆隆朝前压来。德国士兵一看这巨大怪物就要把自己碾成肉饼，吓得抱头鼠窜，这些钢铁怪物轻而易举地进入德军阵地的纵深，给德军带来极大的威胁。这种巨大的活动钢铁垒，就是英国首次发明并投入战场的"陆地巡洋舰"——坦克。它有28吨重，乘员8人，侧外呈棱形，在两侧炮塔上共装有两门口径为75毫米大炮的几挺机枪，采用过顶的重金属履带，刚性悬挂，最高时速为6000米/小时，创下了一战中最高的战场伤亡纪录。

（3）飞机。在第一次世界大战前，参战国拥有飞机最多不超过1500架，而在大战结束后，各国用于作战的飞机已经达到了100 000余架。与此同时，飞机的性能也有了很大的提升，比如在速度方面，由一战前的100千米/小时提升到了战后的200千米/小时；飞行高度方面，由一战前的200米提升到了8000米；飞机的飞行半径也由战前的数十千米提升到了战后的数百千米；载重方面，战前的飞机质量只有几百千克，而在战后，英国最先进的战略轰战机携弹质量已经超过3400千克，飞机质量达到13 600千克。

（4）潜艇和鱼雷。为了最大限度地隐蔽自己和重创敌方船只，潜艇被研发出来，在水面以下发射的鱼雷，很长一段时间里都是盟军海上船只的噩梦。另外鱼雷技术得到了长足发展，并发明了磁雷管制导、罗盘制导、程序制导和超声波制导等技术。此外，鱼雷的推进系统也有了很大的进步。

（5）战舰和航母。二战期间敌对双方都已开始进行以航母为主导的集群作战，由于战争对经济的损耗极大，二战期间的盟军已经无力大量生产舰艇。德国的舰艇发展比较晚，且潜艇技术落后，战争进入制海权的争夺阶段后，德国海军力量开始显现不支。随着制海权的丢失，大量有经验的德国海军士兵也随之沉入海底，最终，德国海军只能用于海岸炮火掩护下的近海防御，日本对于盟军海军的防御能力也是有限的，在太平洋战场上，日本的后方补给线拉得太长且过于分散，为了保障这些补给线的安全，日本必须派出大量战舰进行护航。这些分散的海上武装力量很快被盟军一一吞掉，支援日军前线作战的补给线也随即被切断。

（6）原子弹。法国科学家玛丽和皮埃尔·居里发现了两种特殊的元素镭和钋，随着放射性物质概念的提出，人类进入了放射性物质研究时代。后来爱因斯坦发表相对论，改变了自牛顿以来人类对宇宙的颇多定义，同时也解决了长久以来的很多争议，当然也为日后原子弹的诞生奠定了理论基础。

我们现在所熟知的汽车品牌，很多都在世界大战中发挥过特殊作用。比如，保时捷是虎式坦克的主承包商；奔驰是豹式坦克的生产商之一。德国主力战机ME109的发动机就是奔驰的。宝马也是比较重要的航空发动机厂生产的，对喷气发动机很有研究。二战时日军的零式战斗机就是由三菱公司所造，Jeep越野车也诞生于二战时的美国战场。

……

3. 科技与战争

纵观两次科技革命和两次世界大战的全过程，我们会发现"科技"和"战争"也存在着必然的关系。科技会触发战争，战争又反过来推动科技的发展。每次科技革命都会使各国实力发生转移，而崭新的政治力量总是要求利益的再分配，这就会导致既得利益者的不满。正如第一次工业革命使英国成为世界霸主，第二次工业革命则使美国、德国崛起并挑战英国的霸主地位。

两次世界大战也使国际格局重新演变，第一次世界大战期间，欧洲交战国对军用物资的大量需求和它们在国际市场竞争能力的削弱，为美国扩大商品和资本输出提供了绝妙的机会。1913—1929年在世界贸易总额中，美国由11%上升到14%，而英国则由15%降至13%，美国位居世界贸易的首位。

1914—1929年美国的对外资本输出也由35亿美元增长到172亿美元。战后美国由债务国转变为债权国，1929年它掌握了全世界黄金储备的一半，世界金融中心也由英国转移到美国。到第二次世界大战后，美国终于取代英国夺得了世界霸主地位。

这也为第三次工业革命做好了铺垫。

CHAPTER 4

第四章

第三次工业革命

　　计算机的发明，标志着人类由此步入信息时代。苏联的解体，美国的日渐衰落，中国的不断改革开放……世界变化在悄然中进行。和平与发展虽然是世界的永恒主题，但仍有一股暗流在涌动……

第一节　计算机的发明

1. 各种发明

1957年，苏联发射了世界上第一颗人造地球卫星。

1957年，苏联第一艘核动力破冰船下水。

1958年，不甘落后的美国也发射了人造地球卫星。

1959年，苏联发射的"月球"2号卫星把物体送上月球。

1961年，苏联宇航员加加林乘坐飞船率先进入太空。

1953—1964年间，在美国和苏联相继研究出原子弹后，英国、法国和中国也相继成功研制出核武器。

1954年6月，苏联建成第一个原子能核电站。

1969年，美国开始了规模庞大的登月计划，终于实现了人类登月的梦想。

1977年，世界上有22个国家和地区拥有核电站反应堆229座。

1981年4月12日，美国第一个可以连续使用的哥伦比亚航天飞机试飞成功，并于2天后安全降落。它身兼火箭、飞船、飞机等特性，是宇航事业的重大突破。

从此人类的活动空间由地球转向飞出太阳系！

自1950年DNA结构被人类发现以来，分子生物学得到迅速发展，比如克隆技术等，这使人们开始重新审视生命的结构和本质。

此时，大到浩瀚宇宙，小到分子、原子，已经遍布了人类科技的踪影。此时人类所掌握的信息越来越多，需要做各种处理，就需要一种可以帮助人类进行运算的机器。这种机器不仅可以把事物模拟出来，还能帮助人们处理和运算。这时，第三次科技革命的最重大成果——计算机开始出现了。

2. 计算机的出现

1642年，法国数学家帕斯卡发明了机械计算机，但它只能做加减，不能做乘除，使用起来受到限制。到了1694年，德国数学家莱布尼茨想改进它，他想："不光让它会进行加减法，还要让它会乘除法。"他沿着帕斯卡的思路想下去，但他终日苦思冥想，就是不得其解。

有一天，欧洲的传教士把中国的八卦介绍给莱布尼茨，他开始研究起来：八卦中只有阴（— —）和阳（——）两种符号，却能组成8种不同的卦象，进一步又能演变成64卦。这使他突然灵机一动，"能不能用'0'和'1'，分别代替八卦中的阴阳，用阿拉伯数字把八卦表示出来呢？"在这个思路的指引下，他反复研究，终于发现正好用二进制能表示0～7这八个数字。

八卦中的"——"叫作阳爻，相当于二进制数中的"1"，而八卦中的"— —"叫作阴爻，相当于二进制数中的"0"。64卦正是0～63这64个自然数的完整的二进制数形。在数学中八卦属于八阶矩阵。

莱布尼茨在八卦的基础上发明了二进制，最终设计出了长1米、宽30厘米、高25厘米的机械计算机。它不仅能做加减法，还可做乘除法，并能求出平方根。

二进制一诞生，世间万事万物，无论"青红皂白"都可以转化成数据。"二进制"即计算机的基础。用数字表达事物，这一思想发源于中国，但是欧洲人却使这一思想充分散发光芒。

20世纪40年代后期世界出现了第一代计算机——电子管计算机。1959年，又出现了晶体管计算机，运算速度每秒在100万次以上，1964年可达到300万次。

到了20世纪60年代中期，出现许多电子元件和电子线路集中在很小的面积或体积上的集成电路，每秒运算达千万次，它用于一般数据处理和工业控制的需要，使用非常方便。

20世纪70年代，第四代大规模集成电路开始发展，1978年的计算机每秒可运算1.5亿次。到了20世纪80年代发展为智能计算机，到了20世纪90年代出现光子计算机、生物计算机等。

计算机的发展概况大体上每隔5～8年，运算速度提高10倍，而体积缩小1/10，成本降低90%。

第二节　世界格局

1. 为什么是美国

第三次科技革命为什么会首先在美国兴起呢？

制度条件——美国是第一个资产阶级民主宪政国家，这一点很重要。

技术方面——美国的实用主义哲学开始形成；实验技术以军民结合、理工结合为特色。

物质方面——美国拥有雄厚的物质基础、自然资源和众多优秀的科技人才，第二次世界大战前后涌入一大批优秀的科学家，如爱因斯坦、冯·诺依曼等。

思想方面——美国人来自世界各地，融合了各民族的文化传统，建立了各种学会组织，思想方面包容性很强。

第三次工业革命与前面两次具有很大不同点，在于：

（1）科技竞争成为国家竞争的主战场。因为科技在战争、经济领域中发挥的作用越来越重要，比如美国和苏联，就开展过"太空竞赛"。

1957年10月4日苏联第1颗地球人造卫星史泼尼克一号标志着太空竞赛的正式开端。由于涉及尖端技术和国防科技，"太空竞赛"在一定意义上也是"军备竞赛"的一种体现。

（2）两次世界大战是人类有史以来的最大"硬伤"，从那以后国家与国家的抗衡不再只靠生死搏斗，"冷战"也照样可以斗垮一个国家，比如美苏冷战导致苏联的解体。

（3）协作中谋竞争。比如美苏的"太空竞赛"，因其巨额花费使得双方都颇感吃力，并最终走向合作的道路。

2. 苏联解体

关于美苏争霸的过程我们就不多讨论了。这里有一个很值得探讨的问题就是，苏联究竟是如何被颠覆的？

美国马萨诸塞大学经济学教授大卫·科兹在清华大学的讲演很有意思。

苏联解体后资本主义阵营大受鼓舞，形成了两种主流观点：一是在经济上，苏联经济体制在长时期的运行中被证明是不可行的，只有建立资本主义；二是在政治上，一旦戈尔巴乔夫实行言论自由、自由选举，苏联人民就利用新获得的权利，废除社会主义，建立资本主义。因此社会主义在一个大国经过长时间的尝试后被证明是失败的。大卫对此做了更深入的研究，不同意这个观点。

关于经济崩溃说，大卫引用西方数据反驳：1928—1940年苏联年均增长5.8%，直到1975年年平均增长率是4.8%，而美国只有3.3%。1975年后仍然有1.9%或1.8%的增长率，没有出现负增长，不能叫作经济崩溃。

关于政治上的原因，大卫直接引用1991年5月进行的、由美国发起的最大的一次民意测验的数据，抽样人口中，10%赞成改革前的社会主义；36%赞成更多民主的社会主义；23%赞成瑞典式的社会主义；只有17%赞成自由市场的资本主义。

从经济到政治，都不能表明社会主义是失败的，为什么苏联解体了？大卫考察了另一个群体：苏共上层精英。他们当中仅有9.6%赞成共产主义和民族主义；12.3%赞成民主社会主义；76.7%赞成资本主义的社会形态；其他态度的占1.4%。这个比例与民意测验形成了鲜明的对比，恰恰是这个群体与其他集团结盟，与黑社会、富翁、城市知识分子的一部分结盟，夺取了政权，建立了资本主义。

当然，上层社会的主观意志是一个方面，但是上层社会并不能主导社会发展潮流。那么，苏联究竟是如何解体的呢？

美国在军备竞赛中的投入同样巨大，甚至更大，为什么没有被拖垮，反而越来越繁荣呢？美国不仅没有被拖垮，还趁势崛起了一批势力雄厚的军火企业、互联网技术、GPS全球定位技术、移动通信等，对整个世界产生巨大的影响。

（1）美国是怎样做的？购买。

美国军方的工作很简单，就是挑选、购买。

钱从哪里来？军费。军费从哪里来？税收。税收从哪里来？企业、劳动者、消费者。企业在做什么？创新。劳动者在做什么？生产，而且不是纺织品，有了新的就业机会：军工。消费者在干什么？也在挑选，挑选更好的科技产品。

（2）苏联是怎样做的？集中力量办大事。

集中巨大的财富、科技、人力等资源，畸形发展重工业和国防军事工业，国家财力投入过多过大，加剧了国民经济结构的比例失调。

美国政府无权"集中力量办大事"，但是可以争取更多的军费，从而吸引了军火财团的注意，在精练简单的规则下，金钱的效率永远比人为的计划高很多，这才是真相。

如果从货币的流向观察，也许能更好地解读美苏军备竞赛中的微妙变化。

传统的货币流主要由三个循环组成：

一是生产和消费的循环，即企业向劳动者支付报酬，劳动者用所得薪酬消费产品。货币通过劳动报酬从企业流向劳动者，又通过消费行为从劳动者回流企业。此循环可称为内循环或自然循环。

二是税收征集和税收分配的循环，即货币在政府与企业、消费者（含政府雇员）之间的流动。由于是政府干预产生的，可称为外循环或者行政循环。税收分配包括国防安全支出、政府雇员支出、公共建设支出和社会福利支出等，最终都应该落到各类消费者手里，福利是无偿转交低收入群体以保障国民尊严，国防、公务员、公共建设则通过购买劳动的形式支付。

三是金融循环，包括银行存贷、股市融资和分红，都是对沉淀货币的激活和再利用，相当于货币流的微循环，对保持社会活力、防止货币淤积十分重要。

在军备竞赛中美国创造了一个新的货币流：以国库为源头、以军火企业为"灌溉"目的的特殊经济生态，收获的是异常活跃的创新能力和成果转化能力。在这个货币流中，值得注意的是国家税收的使用方式是消费购买，货币的流动是单向的，美国政府甚至以财政赤字的方式维持这种源源不断的货币流出。

美国政府对自身的定位比较严格准确，不是一个经济主体而是一个行政机构，而军火的研制生产在美国是一种经济活动，因此美国政府不能参与生产经营，只能用国家税收向企业订购其所需军火。另外，由于美国政府不是经济主体，它也不能占有和经营资源，因此生产所需的各类自然资源均由国民掌握、有明确的产权。在这种情况下，美国政府依靠税收和财政赤字成为本土军火企业的最大客户，并且以国家安全受到威胁为充分条件将税收分配向军火的研发生产倾斜，为本国企业在军用科研方面拓展了广阔的空间和充足的经费，也给它们带来发展壮大的机遇。

从货币流向看，美国政府向国民征税，大量税收被用于先进武器的研制和生产，相当于创造了一个尖端科技的繁育基地，而军火企业为了获取更大的利润，一方面支持国家对外用兵在世界范围内创造更多的军火贸易机会，另一方面殚精竭虑将军用科技成果向民用领域转化，创造新的赢利空间。这种政府购买的模式不仅没有损伤美国经济，而且为美国的对外扩张、开放和科技创新提供了充足的动力，并衍生出大量活力充沛的新兴产业，创造了崭新的行业和更多的就业机会。在正常的市场循环、税收集中流和福利分配反馈流之外，构造了一条充满生机活力的货币支流：从财税库流向尖端科研领域、由科技创新创造新的财富源泉、得到更大的税源。

很难确定美国政府在军备竞赛中是否主动地创造了这一新的货币循环，即货币从国库以购买先进武器的方式向尖端科研领域和军火企业流动，军火企业以增加就业、支付报酬的渠道把货币流引向社会，科研创新成果又以创造新产业的方式创造新的财富源泉，这个循环看上去是单向的，但是这些科研创新和生产应用创造了新的税源，以更充满活力的方式实现了国家的健康发展。因此，美国在军备竞赛中经济越来越活跃，科研创新能力越来越强。

而苏联则不同，它的资源是国有的，全部研发成果也属于国家，在早期它具备一定的集中优势，要开展太空竞争，它可以迅速调集全国的优秀科研人才、调集全国的人力物力等各类资源，所以，苏联率先实现载人飞船。但是从货币流向看，它的货币流向几乎全部是单向的，有投入、无产出、有创新、无应用，甚至为了保密的需要，科研人员几乎是封闭的、生活所需是免费的、所得报酬是极少的，而同时为了降低投入，对相关劳动者的报酬往往很少乃至无偿征用。

如果有人能统计出苏联解体前的货币分布情况，肯定会发现它的分布是多么不均衡、多么缺乏流动性。

只要是自己发行货币的主权国家，无论如何都不应该存在货币意义上的贫穷，除非它的货币被少数权贵囤积，或者它根本不会统计自己的国民经济需求、发行太少。

2011年俄共党代会上纪念苏联解体20周年时，俄共总书记久加诺夫仍然将苏联解体的原因归咎于戈尔巴乔夫的背叛、没有控制好舆论，甚至指责当时的"最高委员会"没有坚决打击反革命。至今未意识到苏共的离心离德，至今未意识到苏共的权力金字塔早已连一块砖头都没有了。20世纪90年代俄共曾有54万名党员，2011年仅剩下15万名党员，平均年龄58岁。

简而言之，美国靠市场调节，苏联靠行政干预。一个社会的制度是否合理，就看能否让每个成员在合适的岗位上发挥相应的价值。利润确实是一种追求，但创造和劳动也是人们的基本需求，就看你是否能激发出来。社会没有主义之别，只有机构是否简约、关系是否合理。

以上都是内因，还有以美国为首的西方资本主义国家的外围对抗的外因。在数十年的冷战中，重大的几次冲突事件包括了柏林封锁（1948—1949年）、朝鲜战争（1950—1953年）、苏伊士冲突（1956年）、古巴导弹危机（1962年）、越战（1959—1975年）、苏联入侵阿富汗（1979—1989年）、苏联击落大韩航空007号班机（1983年），以及北约优秀射手演习（1983年）等。它们通过军事的结盟、战略部队的部署、对第三国的支援、间谍和宣传、科技竞争（如太空竞赛）以及核武器和传统武器的军备竞赛来进行非直接的对抗。美苏两方在许多第三世界的国家进行了一系列政治和军事的冲突，包括拉丁美洲、非洲、中东和东南亚地区……

3. 美国的衰落

随着苏联的解体，美国经济也开始保持较高的增长，1990年美国GDP占世界比重的26.1%，2000年这一数字就达到了30.8%。20世纪90年代是美国历史上最好的10年，这是美国独大的10年。

美国的克林顿时代，外资每年进入美国多达3000多亿美元，相当于同期美国的国防开支，那么10年下来，全世界人民3万多亿美元外资涌入美国……

3万多亿美元促成了美国互联网时代，世界首富比尔·盖茨诞生；促成了美国房地产的最后一次膨胀，涨幅高达30%以上；促成了美元最后一次升值，升值幅度高达30%以上；迫使人民币贬值，从1美元兑换5.35元人民币变成1美元兑换8.27元人民币；促成了美国股市的极限膨胀，美国人的虚拟财富膨胀30%以上。

然而盛极必衰，这也是第二次世界大战之后最后一次美国经济繁荣。从历史上看，王朝的兴盛一般不超过200年。中国大汉朝202年，大唐盛世不过289年，大明朝276年，大清朝268年。而西方一个国家称霸的时间一般不到一百年，大英帝国、西班牙、法兰西第三帝国、苏联、日本，强大均不超过百年。2001年发生的"9·11事件"，即是美国由强盛向衰落下滑的重大转折点。

"9·11事件"惊醒全世界投资者的美国梦，美国再也不是投资者的天堂。全世界的投资者落荒而逃。美国资本大流血发生了——2002年美国吸收外资骤降至740亿美元；2003年美国吸收外资又降至470亿美元；2004年美国吸收外资再降到370亿美元。

与此同时，美国货物和服务出口贸易额占世界总量比重也由2000年的11.8%下降至2012年的8.7%。从综合国力角度看，美国占世界总量比重由2000年的19.9%下降至2010年的17.5%。从微观经济角度看，以美国《财富》杂志公布的世界500强企业数看，美国从2007年的高峰177家下降至2012年的132家，减少了45家。

资本主义国家与生俱来的矛盾，使它们每隔一段时间就要发生经济危机，这就好比是一个定期发病的病人一样，发作多了病就成为一种常态了。进入21世纪的十几年，美国GDP占世界总量比重开始下降，到2012年下降至22.0%，与2000年相比平均每年下降0.73个百分点。到2013年年底，美国这一比重降至20%。

美元也开始贬值，2000年欧元成立时，1欧元兑换1美元，5年后1欧元兑换1.35美元，贬值30%以上，另外，美国国债累累，就像背负着一颗定时炸弹……

然而此时美国为了转移国际注意力，竟然出兵伊拉克，第一次冒险是险胜，助长第二次冒险，真理向前一步就是万丈深渊。伊拉克战争就是美国的万丈深渊，又使美国元气大耗。

此时，美国的霸主地位也逐渐开始衰落。另外，还有一些新兴的工业化国家，如中国、印度、巴西等国家也紧紧抓住第三次工业革命的尾巴，增强了本国的实力，促进世界政治迅速向多极化方向发展，和平与发展成为时代主题（直到现在都是如此），大家一边协作一边竞争，世界飞速发展。

CHAPTER 5

第五章

工业 3.0 到工业 4.0

从量变步入质变，德国凭借稳固而扎实的制造业，扛起了工业4.0的大旗。德国之所以三落三起，其民族性格和教育机制功不可没。

第一节　量变到质变

第一次工业革命实现了"大机器生产",第二次工业革命实现了生产的电气化,也就是"大规模的标准化生产",第三次工业革命实现了生产的自动化,是"自动的、大规模的标准化生产"。整个世界就好像一台机器,就这样昼夜不停地生产了二百年。

工业4.0是人类历史的临界点,从此人类将步入高速发展的轨道。

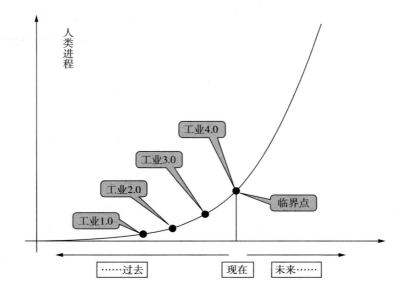

这二百年人类创造的物质财富比之前几千年累加起来的还要多很多。不仅生产力实现了巨大飞跃，工业革命也使人感到了"人定胜天"，人们通过辛勤的发明和创造，不断提高生活水平，不断超越自我。

工业革命也逐渐形成了如今的世界商业格局，那就是大平台、大市场、大生产，还有大国政治、大城市等，它使世界资源不断集中，有了重心。可以这样理解：当世界有了重心，它可以更容易被掌控和旋转，就好比陀螺。

当然，有喜也有悲。工业革命也导致了两次世界大战的爆发，加剧了侵略和掠夺，工业革命也使人类产生了新的对立阶级，即资产阶级和无产阶级，人类对物质财富更加向往。

科技水平在加速，能源消耗也在加速。人类改良了世界，也加快了耗尽地球资源的步伐。据估测，以能源为例，以煤炭和石油为标志的化石能源，悲观估计还可开发约一百年，乐观估计还有二百年。另外，这些能源的泛滥使用也带来了日益严重的"副产品"：环境污染、气候变暖、生态恶化等影响，最终对人类的生存与发展构成了严重威胁。

其实我们早就该意识到：人类不能再无止境地攫取和依赖不可再生资源，也不能再让少数国家集聚其他国家资源。人类必须寻找更加集约、可持续的生产和生活方式。

我们说工业革命使世界开始有了重心，但是当这种重心越来越"重"，到达一定阶段，就会失衡，必然会出现危机。

这也意味着，传统的生产力革新这条路已经走到了尽头，人类要探索新的出路。

自从第三次科技革命以来，互联网信息产业迅速发展，并逐渐开始与其他产业相结合，衍生出了物联网、移动互联网、大数据、智能设备、O2O等各项新产业，因为互联网的血缘关系，这些产业又开始逐渐融合，量变到质变，到最后必然发生颠覆性变化。最终孕育出了工业4.0的出台。

从手工作坊到工业1.0是一场质变，人类积累了几千年。从工业1.0到工业2.0和从工业2.0到工业3.0，这些都是阶梯式的进步。而从工业3.0到工业4.0，却是一场颠覆式的进步，虽然只用了二百年。

工业4.0已经不再只是生产方式的创新，而是一场深刻的社会变革。因为这里不仅生产力改变了，生产关系也改变了。生产资料由原来的石油、煤炭变成了大数据；生产机器由原来的流程化机器变成了可以自我更新的智能化设备；生产者和消费者也实现了直接对接，按照消费者需求量身定制产品。

这就打乱了原来的商业模式，也打破了传统的社会结构。工业4.0正在重建崭新的商业机制和社会结构。那么每个人的生活方式、工作方式，企业的运营方式、国家发展方式、经济的转型方式，都将随之改变。

第二节 为什么在德国诞生

1. 德国教育

青出于蓝而胜于蓝，虽然工业4.0发源于制造业，而又不拘泥于制造业，但制造业是工业4.0的根基，德国这片制造业的沃土，最先孕育了工业4.0的萌芽。

德国是一个充满了传奇色彩的国家，它总是让我们联想到"民族精神"这个词。历史上的德国三次被打倒，又三度重新崛起，德国奇迹般的三起三落，不断吸引后人去探询德意志民族崛起的原因。

所以，我们今天很有必要探讨一下德国民族精神的精髓。

这里要先从德国的教育说起，早在1717年，普鲁士国王弗里德里希·威廉一世就颁布了一项《义务教育规定》，明文规定"所有未成年人，不分男女和贵贱，都必须接受教育"。而威廉一世的儿子弗里德里希大帝继位后，坚决贯彻义务教育的基本国策，于1763年8月12日亲自签署了世界上第一部《普通义务教育法》。

德国的教育改革取得了丰硕的成果，到19世纪60年代，适龄儿童入学率已经达到97.5%。在普及全民教育的同时，普鲁士还建立起教学与科研并重的现代大学——柏林大学。国王威廉三世把豪华的王宫捐献出来作为大学校舍，同时保证国家必须对教学和科研活动给予物质支持。

其实早在欧洲王室奢靡之风盛行时，几代普鲁士统治者就过着近乎自虐的清教徒式生活。威廉一世时，就连王室成员的饭菜都非常节俭，由于过于节俭他被人们在背后称为"乞丐国王"。而他的后继者弗里德里希二世更是有过之而无不及，号召全民勤俭节约并以身作则，当然，他是绝对禁止宫廷的奢华排场的。王室尚且如此，更何况民众？这些节省下来的钱很多都用在了教育上。

德国教育有三个核心，一是学校和老师不会灌输个人功利主义，他们主张公民受教育不是为了自己，而是为了在将来为社会做更大的贡献。二是提倡教育和研究的有机结合，及时将理论转化成行动。三是职业技术教育十分发达。

这就直接促成了德国强大的精神财富和科技水平。

在精神方面，德国产生过许多举世闻名的大思想家、大哲学家、大科学家、大文学家、大音乐家，如康德、黑格尔、马克思、海德格尔、爱因斯坦、巴赫、歌德、海涅等。他们的思想和行为影响了广大的德国民众，成为德国民族文化和民族精神的重要组成部分。歌德的《浮士德》所讲述的故事就生动、深刻地反映了德意志民族那种自强不息、锐意进取、精益求精、永不满足于现状的精神。

在科技方面，19世纪中后期，德国的科学家所做的贡献，比英国、美国、法国的总和还多得多。1851—1900年，在重大科技革新和发明创造方面，德国取得的成果达到202项，超过英法两国的总和，位居世界第二位。自从诺贝尔奖颁发以来，获得诺贝尔奖的德国人至少是76位，在全世界独领风骚。德国拥有的专利数量长期在欧洲占据第一位，占全世界的18%。直到今天，德国依然是世界上最重要的科技大国之一。

2. 民族习惯

再回过头来看看德国的民族习惯。即便是普通的德国人，也一直在给世人留下深刻印象，请看看德国人生活的几个细节：

德国人相互之间打招呼是用"Allesin Ordnung"，意思是秩序还好么？

德国人的口头禅之一是"让我看看笔记本"。

德国地铁里人们不是各玩各的手机，而是捧着一本书静静地阅读。

在德国的宾馆和公共大厅的卫生间通常有两卷卫生纸，一卷放在盒子里，一卷备用。

德国人真的用量杯喝水么？在德国人家的厨房里，可看到一排排整洁雪白的抹布，还有一排排如化学器皿般的有刻度的食品器皿，这时才真实地感受到日耳曼民族对待生活的认真简直到了不可思议的地步。

在餐厅里，德国人来吃饭，走后不用换桌布，因为上面滴油不沾。

在德国，即使衣服旧得不能再旧了，它的扣子依然还在，于是，有句开玩笑的话，"德国的纽扣的寿命比婚姻还长"。

在德国的售票处有免费提供的列车时刻表，按字母排序一个城市一张表，最重要的是，这里没有"晚点"这个词语。

汽车在市区行驶时，时速不得超过30英里。有个笑话说：如果半夜12点还有人在路上等红灯，那个人肯定是德国人。

……

这就是德国人骨髓中都在流淌的特点：认真、守纪、严谨。

在美国流行这样一个笑话：如果啤酒里出现一只苍蝇，美国人会马上找律师，法国人拒不付账，英国人会幽默几句，而德国人则会用镊子夹出苍蝇，并郑重其事地化验啤酒里是否已经有了细菌。

美国人曾感叹，这个世界上认真的民族也是最有希望的民族。毛泽东也曾说过："世上的事怕就怕认真二字。"正是德国人的这种敬业、诚信、认真和严谨，才使德国制造业在全球制造装备领域拥有领头羊的地位，而"德国质量"也昭示着"德国精神"。

3. 德国制造

2014年3月30日，正在德国访问的国家主席习近平，在中德工商界举行的招待会上说出了让国人思索的一句话："中国需要'德国质量'"。习主席的这句话不仅表达了对德国质量的赞赏和肯定，更表达了对中国工业特别是制造业的殷切期望。

2013年，欧洲各国在欧债危机下哀鸿遍野，而德国却成为欧元区屹立不倒的"定海神针"，其根本原因就是德国制造业的稳定，无论世界发生什么变化，只要能生产出好产品就有市场。所以制造业成了抵御欧债危机的铜墙铁壁。

在移动互联网、物联网等各个行业的协助下，德国人也最早萌生了工业4.0的意识。德国政府及时提出了"工业4.0"战略，并在2013年4月的汉诺威工业博览会上正式推出，"工业4.0"研究项目由德国联邦教研部与联邦经济技术部联手资助，在德国工程院、弗劳恩霍夫协会、西门子公司等德国学术界和产业界的建议和推动下形成，并已上升为国家级战略，德国联邦政府投入达2亿欧元。

海涅说过："德意志不是一个轻举妄动的民族，当它一旦走上任何一条道路，那么它就会坚韧不拔地把这条路走到底。"

所以，德国既然迈上了工业4.0这条道路，肯定就会坚持到底。当然，在多元纷争的世界格局面前，无论哪条道路都会有很多竞争。德国开拓了工业4.0的大道，后面有中国在追赶，前面有美国在阻截，这也使得工业4.0这场大变革，充满了看点。

第三节　　新中国的工业真相

每次提到新中国刚成立的那个阶段，很多中国人第一印象就是那是一个经济停滞的年代，认为那个时代是在贫困的条件下徒劳地寻找一个社会主义精神乌托邦。事实上这是一个很大的误读，其背后有着很多值得现代人去反思的东西。

那个时代是世界历史上最伟大的现代化时代之一，与德国、日本和俄国等几个现代工业舞台上的后起之秀相比，新中国的工业化进程毫不逊色。

1. 一些关键数据

首先，我们要知道，新中国的工业基础是非常薄弱的。当时中国工业的人均产量不及比利时工业产量的1/15。然而就在物质资源最贫乏的基础上，在充满敌意的国际环境中和极少外援的情况下，中国在1955—1978年用了30年时间就把自己变成了世界上主要的工业大国。

这段时间全国工业总产值增长了30多倍，其中，重工业总产值增长了90倍（1949年以前中国重工业特别匮乏）。尽管后来的"大跃进"造成了工业生产的混乱，但中国工业产量仍在以平均每年11.2%的速度增长。

其次，有几个关键点值得一提，从1952年至毛泽东时代（1976年）结束期间，钢铁产量从140万吨增长到了3180万吨，煤炭产量从6600万吨增长到了61 700万吨，水泥产量从300万吨增长到了6500万吨，木材产量从1100万吨增长到了5100万吨，电力从70亿千瓦/小时增长到了2560亿千瓦/小时，原油产量从根本的空白变成了10 400万吨，化肥产量从3.9万吨上升到了869.3万吨……这个工业过程为中国现代经济发展奠定了根本的基础，使中国从一个完全的农业国家变成了一个以工业为主的国家。1952年，工业占国民生产总值的30%，农业产值占

64%；而到1975年，这个比率颠倒过来了，工业占国家经济生产的72%，农业则仅占28%了。

如果没有那个年代的工业基础，20世纪80年代的经济改革家们将找不到他们要改革的对象。

2. 科技进程

1958年，中国仿制成功第一代电子管计算机；1964年，中国第一颗原子弹爆炸成功；1965年，人类首次将无机物转化成有机物的人工合成胰岛素研制成功，中国自主研制的第一块集成电路研制成功；1967年，中国第一颗氢弹研制成功；1969年，中国核潜艇下水试验；1970年，中国第一颗人造卫星发射成功；1972年，为我国及世界快速高效消灭疟疾立功的青蒿素研制成功；1973年，杂交水稻研制成功，第三代集成电路计算机研制成功；1975年，计算机汉字激光照排技术研制成功，国产大飞机运十完成全机设计工作；1977年，中国大规模、超大规模集成电路计算机研制成功……新中国"四大发明"皆诞生于毛泽东时代。 以两弹一星为核心，中国在原子能、航空航天（包括载人航天）、计算机、集成电路、生物工程、海洋工程、新材料技术等第三次科技革命核心领域奋力吸收、赶超世界领先技术。尤其是生物工程领域，数十万基础科研大军的协作直接催生了杂交水稻、高产小麦的成功……

一穷二白，自给自足，从小到大，从弱到强，这就是新中国工业的真实历程。

CHAPTER 6

第六章

中国工业4.0进行到哪里了

随着中国改革开放进入第35个年头，中国的人口红利释放殆尽，制造业在转型，经济结构也在调整，开始进入改革的2.0时代，那么中国的工业4.0该如何弯道超车？企业该如何转型？

这得先从中国经济谈起。为什么中国经济此起彼伏，算不上稳健增长呢？

第一节　中国经济的三大弊端

1. 复制、跟风和模仿

中国很多企业都是以模仿起家的。这里最值得一提的是小米，小米堪称中国制造业的"明星公司"，成立仅四年已经成为中国第一、全球第六大的智能手机厂商。小米确实在不走寻常路。

随着小米向全球扩张，其专利缺失的弱点开始显现，并招致诉讼。小米的全球扩张因遭受技术侵权指控有所放缓。爱立信指控小米没有取得其专利授权，在印度提起诉讼。这项专利涉及无线设备的网络连接问题。小米在中国本土实现的快速增长将很难复制到海外市场。

然而，不可否认的是：这种复制、跟风、模仿模式确实使中国制造驶上了一条快速轨道。雷军计划2015年售出1亿部手机。小米迅速成为中国制造业、快消品企业，甚至互联网行业追捧的对象。

但是，笔者认为：表面上看，与其说中国企业追捧的是一种"小米模式"，不如说追捧的是一种"复制金钱"的狂热。与其说中国民众追捧的是一种"互联网思维"，不如说追捧的也是一种"快速成功"的模式。

小米之所以发展迅速，被推向"中国制造"的神坛，是因为它善于借势、善于整合供应链和销售渠道，懂得"用户体验至上"的道理，这一点还是值得传统企业学习的。

但是，企业要想实现可持续发展，还必须有一个核心任务：那就是利用互联网感知大众的消费需求，解读这种消费需求，并通过自己的工业语言（产品）表达（生产）出来，实现自身产品的创新。这才是一个未来企业的符号和特征，也是未来工业的知识经济。

工业4.0是工业与信息产业的结合，互联网开始介入工业，但介入并不等于知识经济，知识经济是由知识产权特别是专利来衡量的，所有的成果必须转化成自己独有的产品体系，这才是人类工业本质上的进步。

最重要的是，如果沿着这种思路走下去，企业都在抢流行、抢时间、抢功能，那么同质化会非常严重，互相取长补短的机会就很少，竞争和抗衡仍是永恒的主题，中国制造业不能形成一个有机整体，这不符合工业4.0的协作精神。

2. 低价

用低价抢占市场，是中国制造业的一大常用手段。如果问：中国制造业"价格战"的主战场在哪里？肯定就是非电子商务莫属了，以淘宝、天猫、京东等为代表的电子商务价格战从未间断。

2012年7月31日，在近半个月的时间里，苏宁、京东、当当开启了中国电商的第一次价格大战。除天猫和亚马逊外，国内一线电商全部加入价格战。

从此，电子商务行业这种一触即开战的状态一直持续到现在，各地大大小小的"战役"数不胜数。其中，电商每年一度的狂欢节——"双11"，其本质也是一场价格战。

放眼四顾，如今的电商已经完全陷入到了一种无序发展、恶性竞争的局面。后来流行的所谓的"互联网思维"，无非就是：哪里火就去哪里，什么热门就干什么，用免费拉人气，用低价抢市场、用爆款搏利润……

蓦然回首，没有哪种产品的创新是被"价格战"所推动的。企业做产品如果只注重成本利润，一没附加值，二又不创新，制造能力又如何进步？

很多人会说，打价格战，最终得到实惠的还是用户。关键问题是与价格战伴随的必然是产品的减配，这一点才是最重要的。

比如，2014年10月，百度和海康威视萤石联手打造的"百度云·萤石"智能视频摄像机C2S开放预售，价格定位在388元。结果4天之后，360也首发一款智能摄像头：360家庭卫士，并将其价格定为149元。来凑热闹的还有小米，也同时首发了自己的智能摄像头：小蚁智能摄像机，价格也定为149元。

也就是说，360和小米一下子把价格拉低了239元。那么问题来了，这239元的差价体现在产品上必然是功能减配，减配内容包括：（1）云储存；（2）智能活动侦测，防止误报警；（3）红外人体感应；（4）全双工语音对讲；（5）工业级视频处理芯片；（6）3D降噪技术；（7）视频直播社交化分享；（8）数字宽动态技术；（9）报警场景视频片段与信息推送服务。

所谓的"智能摄像头"的功能被缩减掉了如此多的功能，还能算是智能摄像头吗？但是它确实抢占了智能摄像头的市场。

对于这种层出不穷的口水战，已经有越来越多的用户表示感到厌倦，其实大家追求的并不只是便宜，而是一种性价比，产品的价值等于使用价值除以价格，中国企业的竞争基本上都是围绕无限缩小的"价格"展开的，实际上我们更应该扩大"使用价值"。从更宏观的角度来讲，企业应回归产品本身，更加专注研发创新，做出顶呱呱的产品本身才是王道。

3. 浮夸、炒作

时下有些人善于以制造一鸣惊人、火爆传播为宗旨和目的，产品没做起来，人却炒作出名了。眼下全球正在掀起新一波的科技浪潮，美国、德国等国家都在利用创造性再次改造世界，如果没有脚踏实地做产品的耐心，工业4.0完全无从谈起。

第二节　迟到的十年

1. 制造业被釜底抽薪

真不知道是生不逢时，还是命中注定。中国的制造业在2000年左右遇到了很好的转型机会，如果脚踏实地往前走，创新和升级是水到渠成的。但是，偏偏就在那个时候，房地产行业迅速崛起，迅速吞噬了中国的制造业……

虽然中国房地产的现状已经有目共睹，很多中国人终于开始冷静，但是房地产对中国经济造成的伤痕是无法抚平的：房地产经历了高速发展的"黄金十年"，也使中国工业4.0至少推迟了十年！

从2000年开始，面对房地产行业无法企及的暴利，传统企业再也把持不住了，纷纷投身其中。

与服装企业相比，家电类的3C企业更讲究创新，也更需要升级。TCL集团、美的、海信、李宁、雅戈尔这些耳熟能详的家电企业、服装企业都早已成立房地产公司并运作多年。大家都一窝蜂扎进房地产业，各地频频出现的"地王"不再是房地产公司的专利。

结果是：制造业的产业升级被搁置了，房地产泡沫越吹越大了。

中国国家统计局和中国物流与采购联合会（CFLP）2015年1月1日发布数据显示，中国2014年12月（官方）制造业采购经理人指数（PMI）降至50.1，连续第四个月放缓扩张速度，创18个月最低水平。

2014年12月份中国制造业PMI为50.1，比上月回落0.2个百分点，略高于临界点，增长动力仍显不足。

2014年12月31日公布的12月汇丰制造业PMI终值为49.6，预期49.5，前值49.5，显示制造业在7个月来首次出现收缩。该调查聚焦小型企业，这些企业面临较大压力，特别是融资成本较高及获得贷款存在难题。

2. 中国经济的现状

自2014年以来，房地产市场量价齐跌，2014年12月，中国100个城市（新建）住宅平均价格为每平方米10 542元（人民币，下同），环比下跌0.44%。这是百城房价连续第8个月下跌，且跌幅较上月扩大0.06个百分点。就像一座座攀升的楼房一样，中国各地楼市的库存也节节攀高，以二线城市杭州为例，目前一直稳固在15万套左右徘徊。

2014年房价很难再有2012—2013年的上涨幅度。尤其是一些三四线城市，本来供应过剩，2013年就处于滞销态势，部分城市房价可能步入下跌通道。

现在再来回头看看这些企业现状，就会发现房地产只能短期提升一个企业的利润，并不能使一个企业长治久安。

据统计局最新数字：2014年全年国内生产总值（GDP）虽然总量突破60万亿元，但增长幅度只有7.4%，GDP的增速创自1991年以来新低。接下来中国经济关键词是"增减"。

在过去的三十多年里，中国经济保持了高速增长，创造了世界经济增长的奇迹。然而近年来中国GDP增速明显放缓，2010年为10.3%，2011年为9.2%，2012年为7.8%，2013年为7.7%，直到2014年的7.4%。

我们不是在唱衰中国经济，反复强调什么经济"空心化"的威胁，但是中国经济遇到了困难是客观现实。

制造业是工业4.0的基础。工业4.0这个概念为什么发源于德国，就是因为德国长期以来一直专注制造业。德国也曾有过经济萧条期，20世纪90年代中期以来，在长达10年左右的时间里，德国因为经济增长缓慢而被称为欧洲的"病人"，然而自从2004年德国经济增长明显加快，政府债务率也得到了较好的控制,就业情况持续改观。2011年,德国经济在G7国家中更是一枝独秀,多项主要经济指标明显好于其他G7国家。德国经济再度崛起,一个非常重要的原因就是长期专注于制造业的发展,正是对制造业发展的这种执着和专注,使得德国免受泡沫经济破灭后的痛苦,同时也使得德国凭借制造业出口的优势,经济能够快速崛起和率先复苏。

3. 制造业的回归

在欧美,企业往往会把10%以上的利润投入到研发创新中。在中国,从事制造业的企业往往手里并不缺少资金,有钱为何不花到产业升级上?而且国家这些年没少出政策来推动产业结构调整和产业升级,但是愿意与之相呼应的企业有几个呢?究其本质,就是因为企业进行创新与研发这种转型"钱来得慢"。

房地产就不同了,一方面收益高,另一方面风险小(前些年是这样)。当整个社会的资金、资源、人才大量涌向房地产,必然导致流向制造业的资金和资源严重不足,从而导致实体经济和高新技术的萎缩。

美国GDP依赖于太空、航空、计算机、生物科技、现代农业等,日本GDP靠汽车和电子产品,而我国的GDP现在却大量依赖房地产,有些地方政府的卖地收入甚至贡献了税收的60%。直到现在,我们背负着"制造业大国"的名义,却很难在制造业方面找到一个民族脊梁,何其悲凉?

如今的中国制造业,相对于美国、日本、英国、德国等发达国家的水平,在基础材料、基础零部件、基础工艺和产业技术四个方面都有较大的差距。许多产品缺少核心技术,高端装备和关键部件仍依赖进口。虽然加工贸易曾在中国整个外贸当中发挥了很大作用,规模很大,但主要集中于生产加工组装环节,研发能力不足。由于大多数产业真正的核心技术并没有掌握在中国制造业企业的手中,中国制造业企业只能分配到极低的利润,导致中上游的企业拼命压缩下游企业的利润空间,让下游的供应企业得不到长足发展,从而不能建立起强大的供应体系。

讲到这里,不得不提到中国经济的缩影——温州。就在2014年央行降息后的第二天，温州某楼盘就挤满前来购房的人，又出现了久违的"千人抢房"的场面。这个情景就是中国制造业进退两难的最真实反应。下面是中国证券报记者采记的部分内容（节选，有删改）。

"前些年，很多温州制造业企业都投身到房地产项目中，但随着楼市持续下滑，很多这样的企业被套牢甚至被拖垮。过去十年来，温州制造业的持续衰落也是不争的事实，面对利润率越来越低的制造业，投身房地产也是很多企业没有出路的出路，包括我本人也曾经尝试过投资房地产项目。"日丰打火机董事长黄发静告诉中国证券报记者。

20世纪90年代，温州制造业经历过飞速发展的"黄金十年"。最高峰时，全国30%的服装和鞋、70%的低压电器，以及全球90%的打火机均产自温州……

"而前些年房地产价格飞涨，很多制造业企业都投入房地产项目中，大企业盖楼，小企业炒房的现象在温州非常普遍。但随着温州楼市持续下滑，很多企业都被套了进去，最后因资金链断裂被拖垮。"周德文表示。

据今年8月前后温州银监分局调查统计，受商品房价格下跌影响，当时温州"弃房"数量已达1107套，涉及不良贷款64.04亿元。其中，因抵押物价值缩水而"弃房"的比例高达56%。今年6月以来，温州曝出数起企业因房地产项目造成资金链断裂而"跑路"的消息。

这说明，中国制造业在第一次转型失败之后，一直没有找到更好的出路。直到现在，都还没有摆脱与房地产的依存关系。

放眼望去，如今发达国家纷纷开始实施制造业回归战略，为了保持先进制造业优势，它们会牢牢控制高科技产品出口，因为一旦在关键领域掌握核心技术，就可以掌握标准制定的话语权和整体设计的主动权，从而掌握未来的主动权。

而同时，越南、缅甸、印度等东南亚新兴经济体开始依靠资源、劳动力等优势吸纳低端制造业，走中国制造业旧路，侵蚀中低端制造业市场。一些劳动密集型产业和资本、技术密集型产业中的劳动密集型生产环节大量转移到这些国家。

也就是说中国制造业几乎被"斩头去尾"。

中国的房地产不可能成为中国战略的发展重点与方向，而代表一个国家工业整体水平的制造业才是一个国家工业实力是否强大的衡量标准。

还有一个例证，在金融危机爆发前，欧美发达国家普遍出现产业空心化的趋势：工业占GDP比重逐年下降，与房地产密切相关的金融业、房地产业和租赁及其他服务业占GDP比重逐年上升。OECD统计数据显示：在2004—2008年的4年间，法国、英国、意大利工业占GDP比重分别下降了2.3、0.6和0.8个百分点，金融、房地产和租赁服务业占GDP比重分别上升了2.4、1.2和2.7个百分点。而德国则始终专注于工业制造业的发展，同期德国工业占GDP比重上升了1个百分点，金融、房地产和租赁服务业占GDP比重基本保持不变，从而为工业4.0打下了坚实的经济基础。

当美国政府重提"制造业回归"、德国政府启动"工业4.0"之后，曾经的"世界加工厂"也到了该转变的时候了。我们必须以"创新"作为新的经济增长驱动力，中国错过了工业1.0、工业2.0、工业3.0，难道还要再错过工业4.0吗？

回答当然是否定的。中国要做好工业4.0的准备功课，就要先成为"制造强国"：一是拥有一定数量世界知名的企业；二是具备高创新能力及竞争力；三是掌握尖端技术和核心技术；四是效率提升与质量安全兼具；五是具备可持续发展的潜力。这同时要求中国的企业一定要安于寂寞，要想成就"制造强国"，不是一蹴而就的事情。

美国《大西洋月刊》杂志早在两年前就以"美国制造业回流"为主题，登载两篇以流向变化分析制造业趋势的文章。文章指出：一方面，中国人力成本快速上升导致廉价优势削弱，低端制造业外流；另一方面，美国智能时代的再工业化，使这一波美国制造业复苏具有与以往不同的特征，并非经济周期的简单反应，一定要抓住这个不可逆转的优势。

同时，我们也应该积极地看到，中国弯道超车的优势：在中国电子商务已经蓬勃发展十年的推动下，在中国正掀起新一轮移动互联网的革命下，产品的设计、生产、销售、服务等各个环节都发生了重大改变，消费者的个性化需求日益强烈，产品的定制化周期被缩短，成本被降低。2015年是一个新的经济周期的开始，中国的创业者会越来越年轻，中国的消费者会越来越挑剔，中国的企业又迎来了一次转型机会，这些都是工业4.0发展的征兆。

眼下，全球正在掀起工业4.0的大潮，中国必须抓住这个机会早日进入工业4.0的轨道，这是中国真正的强国之路。

第三节　中国弯道超车

1. 中国制造业现状

关于工业4.0，更多的中国人都会提出这样一个问题：不要老拿德国说事，那太遥远了，我们更关心的是中国离工业4.0还有多远？我们这一辈子还能亲眼见到吗？

的确，我们不能只关心前瞻的问题，未来虽然美好，但要是遥不可及，它同神话有什么区别？这样的话，无论多么伟大的工业4.0，我们也只能敬而远之。

而实际上，这就是相当一部分中国人对待工业4.0的态度。

可以自信地告诉大家：中国正在以自己"特有"的方式一步步逼近工业4.0，而且很有可能就在前方弯道超车，读完此文你就心里有数了。

大家之所以对中国工业4.0的前景没有太大信心，就是因为中国的工业基础太差。面对工业4.0，德国有优秀的制造业做基础，美国有强大的信息产业做后盾，而下面就是中国工业目前的主要弊端：

（1）中国房地产的"黄金十年"，使中国的制造业釜底抽薪。

（2）中国企业的根本目标是暴利致富，讲究更快、更多、更大，偏爱跟风、模仿和收购。

（3）中国的生产设备与国外相比有很大差距，尤其是一些精密模具等要求高的设备，还需要大量进口。

（4）中国制造业的一线从业人员素质普遍不高，只适合流水线生产。

（5）中国制造业的主体还是初级加工，甚至还没有实现自动生产的前提——精加工。而"工业4.0"要求的生产实现数字化控制，要求比精加工还高一个层次。

……

一方面中国制造业没有核心技术，只能停留在低利润的代加工阶段；另一方面中国制造业急功近利。比如，2005年联想收购IBM PC业务，结果其美国市场份额由2005年的9.2%跌至2012年的8.7%，后来又收购摩托罗拉，29亿美元只拿了2000个移动核心专利；TCL收购汤姆森，豪言18个月扭亏为盈，结果2006年累计亏损20亿元人民币，2007年申请破产清算；再看2010年吉利收购沃尔沃，2012年沃尔沃全年亏损4.46亿元人民币。

如果从传统工业的角度来衡量中国工业化的水平，中国确实还有很长的路要走。但工业4.0的本质是"工业化+信息化"，由"传统工业"步入工业4.0，是一个量变到质变的过程，这就是德国的道路，而如果由"工业化+信息化"进行切入，这就是中国弯道超车的切入点。

请大家回想一下：中国传统企业近些年来最大的挑战是什么？是互联网、是电子商务，从另一个角度来看，这也证明中国互联网和电子商务发展之迅猛。

如果抛开移动信息技术和电子商务去谈工业4.0，只能说还不能了解工业4.0的本质。

我们都知道工业4.0的概念发源于德国，虽然德国制造业也很发达，但是德国在工业4.0方面也有很大担心，他们担心因为错过了工业3.0全球信息通信产业发展的最好机遇，从而造成了工业4.0的信息产业基础不足。

如今德国企业的数据由美国硅谷的四大科技把持，正是因为把持了与用户的接口，GE、思科、IBM、AT&T、英特尔等80多家企业成立了工业互联网联盟，准备重新定义制造业的未来，并在技术、标准、产业化等方面作出一系列前瞻性布局，企图阻截德国的工业4.0进程。

2. 中国借电子商务弯道超车

工业4.0不光是制造业的问题，而是一个更加全面的整体布局，能根据用户的需求生产出定制化产品的工厂很重要，但是，能与用户直接对接，掌握用户数据的平台显而更重要。

谁最有可能成为这些平台呢？淘宝、天猫、京东……中国电子商务的蓬勃发展远远超出了所有人的预料。中国电子商务市场销售额今年有望超过美国跃居世界第一，十年内有望占到中国总零售额的一半。2014年中国电子商务交易额超过12万亿元人民币，同比增长20%。预计中国电子商务市场2020年将达到美国、英国、德国、日本和法国电商市场规模的总和。

正如法国媒体感叹的那样：真正让世界为之惊叹的，是中国企业在网络和软件产业的发展。当整个欧洲大陆都被谷歌、苹果、Facebook、亚马逊等西方网络巨头霸占时，它们吸收大量广告财富，摧毁书商，"逼得"开发商们不得不把应用程序以低廉的价格出让给它们。但是，中国网络业的发展却对这些企业建起了"铜墙铁壁"，这种现象在世界上也是独一无二的：在中国，有可以和谷歌对抗的百度，有可以和Facebook对抗的微博、QQ空间和人人网，有可以与eBay和亚马逊对抗的阿里巴巴，有可以和YouTube对抗的土豆和优酷视频，更有中国自主研发的Kylin操作系统，使得Windows的地位岌岌可危。

2014年9月20日，阿里巴巴的上市创造了美国纽约证券交易所成立223年来最大规模的IPO，融资250亿美元，远远超过了Facebook的160亿美元，成为目前为止美国最大规模的IPO个案。目前阿里市值比美国最大的电子商务网站亚马逊和eBay两个公司市值的总和还多。

在阿里上市前4个月，中国最大的B2C电商京东也在美国纳斯达克上市，总融资额超过30亿美元，目前市值超过300亿美元。聚美优品的市值也超出了大部分人的预料。同时，58同城、去哪儿网、500彩票网等中小电商企业相继完成了自己的IPO，再次掀起中国电商赴美上市热潮。

同时，在中国的电商领域，农村电商、跨境电商、众筹、微商、O2O等新概念层出不穷，互联网企业跨界合作收购事例也越来越多，比如百度和万达，这足以显现出这个层面的活跃性。2014年，4G时代使得中国的移动互联网发展驶入"快车道"，2015年是移动互联网的元年。移动互联网的崛起又将打破传统互联网所形成的规则，重新建立商业格局，移动电商时代人手一机，消费需求开始多元化、直达化，这标志着中国又向工业4.0时代迈进了重要的一步。

3. 中国工业4.0的萌芽

但是工业4.0与传统电子商务又有着很大区别，马云曾明确提出，在新的互联网时代的商业文明中，大规模标准化的制造将遭到摒弃，制造者将以用户的意志为标准进行定制化的生产，这句话体现了工业4.0的前瞻性。

就在传统服装品牌还只能一个季度发布一次新品的时候，淘宝上的一部分店主已经开始为用户"生产"定制化产品。我们采访过杭州一个淘宝店主，她说如果在各方面都顺利的情况下，一个产品从下单到设计、生产和发货，大概一星期左右就可以完成，这就是工业4.0的雏形。

其实阿里巴巴在这方面一直也在探索，由B2C向C2B的转变就是最好的证明。2014年4月，大概10个家电品牌联合起来用12条生产线以C2B方式生产"定制型"产品，包含吸尘器、电压力锅、微波炉、豆浆机等。当然，这些产品的"标准"都是用户通过天猫传递给了厂家，厂家根据这些要求生产的。

甚至早在2012年，聚划算就发起过"双节买家电，定制最划算"活动，当时共有100多万用户针对电视的各种设计元素进行投票，然后再交给海尔安排生产，当时一共成交了32英寸定制彩电8000多台，聚定制就是在这种条件下产生的。

传统电子商务最重要的模式是B2C，这种模式正在被B2C平台自身瓦解。以前的电商平台是中心，今后用户才是中心。用户可以自己向工厂下订单，工厂在接收到用户需求后再定制化生产，于是这里的营销环节就可以节省，物流也可以更好地安排，最重要的是产品性价比更高，大概预测可以省40%。

2013年12月25日，阿里巴巴"淘工厂"项目正式上线。一年后，全国已拥有8000多家"淘工厂"。

未来的工厂必须拥有柔性化、专业化、智能化等特质，能灵活、快速地为电商品牌提供"私人定制"服务。

从以上事例可以窥知，电商平台和大数据业务可以在工业4.0中发挥很大作用，建立用户与生产者之间的联系是工业4.0里最重要的环节。

4. 中国工业4.0的两个障碍

然而，这里又出现两个现实的问题。

第一，这种C2B业务之所以还未被普及，最主要原因是传统供应链和生产制造技术不能支持C2B业务的快速反应，尤其是机械和电气产品，中国虽然号称制造业大国，但是很多企业找不到好的供应商可以满足其多品种、小批量、快速反应的生产能力，大部分的制造企业更愿意去做单产几十万的订单，但是却很难接受一款几百单甚至几千单的定制化产品订单，主要还是缘于一方面企业缺乏实施这种柔性的生产能力（这正是德国制造业的发展方向），另一方面企业往往不愿牺牲眼前的利益（传统的大单）。

第二，中国电商的发展也是存有缺陷的，比如，无论是在淘宝、天猫还是京东，商家想取得销量就需要靠低价和促销，需要购买广告位获取访问量，需要做优化和排名等，这些都是大一统的平台导致的结果。但是移动互联网的兴起将解决这一问题，那些星罗棋布的小商家才是未来，他们才可以实现定制化、分享性，这也更符合工业4.0的精神。

所以，马云多次在重要场合提出，阿里集团的使命就是促进开放、透明、分享、责任的新商业文明，阿里集团的企业愿景就是分享数据的第一平台。而且，马云对阿里发展目标的定义就是供应链实时协同平台，马云的意识一直很具前瞻性和超前意识，这也代表了中国电商的认识高度。

电子商务也是工业4.0的一部分，可以说"制造业"和"电子商务"分别是工业4.0的后端和前端。中国与德国各有所长，各有所短。所以，中国与德国在工业4.0方面应该是最亲密的伙伴。2014年10月10日，中国总理李克强在柏林同德国总理默克尔共同主持第三轮中德政府磋商，双方还发表《中德合作行动纲要：共塑创新》，这也是工业4.0的一大特征，那就是一边协作一边竞争。

按照电子商务目前的发展趋势，中国完全可以借助电子商务实现工业4.0道路上的超车。对于中国的传统企业来说，更应该抓住这个机会，以电子商务为切入点，利用移动互联网发展的大好机会，谋求第一时间与用户建立起来"连接"与互动关系。但这里的关键问题是：

第一，你将通过什么样的渠道或者平台，取得与建立关系的机会？

第二，利用这个平台和渠道，怎么做才能满足用户对于个性化产品的需求？

第四节　创客时代

这个时代的变化究竟有多快？正当还有人整天叫喊淘宝革了实体店的命、互联网革了报纸的命、机顶盒革了电视机的命的时候，移动互联网一兴起，一切规则、秩序又被打破了。

1. 自以为"非"

"自以为非"，海尔集团董事局主席张瑞敏把这个词作为海尔的文化基因，也是基于他对未来企业发展战略的思考："只有自以为非，才有可能找到新的机会；如果自以为是，百年老店就不可能存在。要么是破坏自我，要么被破坏，没有其他出路。"

如果说，改变社会商业结构的是移动互联网，那么改变传统企业运营模式的就是工业4.0。在工业4.0时代，产品的生产过程被颠倒了：以前是企业生产什么，用户就去使用什么，企业用产品的价格、质量吸引用户，用销量产生利润，这叫标准化生产。在未来，随时根据自己的需求下单，然后由工厂进行定制化生产，依靠满足用户的定制化程度来吸引用户，这叫定制化生产。以前是以企业为出发点，现在是以用户为出发点，正好颠倒了过来。

由于"工业4.0"直接将人、设备与产品实时联通，工厂接受用户的订单直接备料生产，省去了销售和流通环节，整体成本（包括人工成本、物料成本、管理成本）比过去下降近40%。

不要以为这很遥远，想想看索尼、诺基亚为什么失败？就是因为它们的组织结构一直是传统的线性、单向的，企业从产品研发到一步一步推向市场，是不可逆的，但是，市场到底愿不愿接受，那就不得而知了。

在传统年代，用户需要主动去识别产品的价值，并和自己的需求、偏好进行搭配，他们需要到零售店中去发现、去比较，然后敲定自己喜欢或想要的产品，这个时候人和产品之间是脱节的。

然而，苹果的iTunes无独有偶地成为内容出售方和使用方交易的中介，于是就出现了现金流和数据流的冲击，这时只要做好双方数据的匹配即可。而且在这个过程中，某平台掌握了一个数据库，就可以根据双方数据发现规律，这其实就是工业4.0的雏形。

值得一提的是，曾经的电子产品制造商索尼，它的各个单元内部竟然不能共享信息和交流，而其中一些业务单元却可以和苹果合作，并和"自家人"竞争。这就是苹果和索尼的区别，也是未来和过去的区别。

所以说，摩托罗拉被诺基亚替代，诺基亚又被苹果替代。摩托罗拉代表的是模拟时代的技术，诺基亚代表的是数码时代的技术，而苹果代表的是新型互联网技术。

2. 平台至上，连接为王

先进的取代传统的，大的取代小的。诸如诺基亚、索尼Play station、微软等在和具有更大网络效应的平台——苹果、安卓竞争时就处于下风。小的网络如果不形成生态，在具有更大的网络效应的平台面前是非常脆弱的，会被大的生态吸纳。诺基亚、索尼都前景黯淡，走在下行通道里，不容乐观，微软也有些积重难返。

苹果和谷歌、亚马逊之所以能够后来居上，这里还有一个麦特卡夫定律：网络价值同网络用户数量的平方成正比，即N个连接能创造N的平方的效益。例如，Uber就连接了大量的司机和搭车者，形成了一个正反馈循环：想要打车的人越多，就会吸引越多的司机加入Uber；司机越多，打车的人就越多。传统的经济理论需要供需平衡，而当用户效应随着其他用户的加入而增加时，网络效应就会凸显。当然，这也可能产生出垄断型企业，因为所有的用户都加入其中，形成"赢者通吃"。

所以，现今世界上前五的企业中，有3家都是平台型企业。在最好的31家公司中，有13家是平台型企业，这些企业都有自己的生态系统。苹果、谷歌和亚马逊的品牌价值是近几年世界上增长最快的。这种平台式的企业发展是平稳上升的，而且聚合效应越来越明显，呈现指数上升趋势，它们占据了诸如能源、金融等传统企业的领先位置。

在今后手机、汽车、家电等所有东西都将联系在一起，每一个物件都内置独立的智能操作系统，随时准备传唤和被传唤，这将会带来一个协同共享的经济。即张瑞敏提出的"企业无边界、管理无领导、供应链无尺度"的战略方向。这种"联系"一旦形成，企业和企业之间就不再有绝对界限，你想与世隔绝都不可能，唯一应该考虑的就是：如何在与大平台共融的过程中，保持自己独有的一套系统。

水木然点评：

传统的商业是一门竞争的艺术，抢到先机者往往胜出。而未来商业是一门协作的艺术，大家求同存异，互相补充。

所以，当工业4.0真正到来时，原来的企业运转的逻辑都需要推翻重建了。

在传统企业里，领导是金字塔层级式的，从高层领导、中层领导到低层领导；领导做决定，下属照办就可以。在未来企业里，谁是领导呢？用户是领导，企业必须时刻围绕用户转，为用户创造价值。谁不能创造价值，就没有存在的价值。

在传统企业里，待遇是按照岗位和职位来定的，薪酬的高低主要是看你执行上级命令的程度，由人力资源部统筹。在未来企业里，由用户决定你的薪酬，比如你的用户点赞多，薪酬就多；甚至用户可以支付你的酬劳，如果你做得不好，可能就没有人为你的劳动买单。这样公司的人力资源部也可以省去了。

3. 传统企业转型

凯文·凯利有个"峰谷理论"：要从一个高峰到另一个高峰，只有先下到谷底才行。比如海尔的白色家电在国际上已居第一，算是到达了一个"高峰"。凯文·凯利主张海尔先从传统白色家电的高峰下到谷底，再攀爬新的高峰。

然而，假如海尔下到谷底，这一千多亿元的营收、上百亿元的利润、几万人的吃饭问题，怎么解决？所以张瑞敏说："你从理论上说得很对，但是实际上做起来很难，也不大现实。"

笔者相信，这也是大部分中国企业不得不去面对的现实，那么作为企业家领袖，张瑞敏是如何解决这个问题的呢？

张瑞敏说："我们的想法是，把这个企业拆成很多的小公司，把航母变成一个个舰队。海尔在传统经济做到一定的高峰了，现在需要到一个新的阶段，但不是爬一个新的高峰，而是把它完全转变为一个生态系统；不是下一座山，而是把这座山峰改造成森林。森林是一个生态系统，其间的树木可能每天都有生死，但生态系统却可以生生不息。"

所以，2014年海尔集团做了一个"大胆的试验"——正在优化万名中层，推动他们从管理者变为创业者，把海尔变为一个创业平台。张瑞敏呼吁，在海尔的平台上，人人创业，因为"这是一个创客的时代！"

张瑞敏说："创业初期，我们为社会奉献的是海尔牌产品，进而，我们以向社会提供海尔牌服务为宗旨，今天，我们向社会开放海尔的资源，为创客们提供的将是海尔牌的创业平台。"

他说，"表面上看，海尔向社会开放U+智慧生活的API（应用程序编程接口），每一个创客都可以在此基础上延伸开发产品。深层看，海尔向社会开放供应链资源，每一个供应商和用户都可以参与海尔全流程用户体验的价值创造。本质上，海尔向社会开放机制创新的土壤，搭建机会均等、结果公平的游戏规则，呼唤利益攸关的各方共建共享共赢。"

张瑞敏说："海尔现在完全变成了扁平化、去中心化的组织。原来有员工86 000多人，中间管理层差不多一万人，这些都要去掉。"当然他也曾遭受质疑，海尔是不是裁员了？其实不是裁员，这是海尔的转型，实质是从管理者转变为创业者。当然，转变是非常大的挑战。"对企业来讲，没有中间管理层，就可以变成一个创业平台。发现了需求，几个人就可以成立一个创业团队。"

这是海尔创客的一个例子：有几个员工在网上注意到，一些孕妇抱怨有时候坐在沙发上看电视不方便，希望能躺在床上看天花板上投射的影像。这几个人认为这是一个需求机会，通过与那些准妈妈们反复交流，就做成了一个家用投影仪。技术从哪来呢？美国硅谷，技术提供者既可以要钱，也可以要股份。关键零部件来自美国德州仪器，制造则在武汉光谷。

互联网时代有一句话"世界就是我的人力资源库，世界就是我的研发部"，把世界的资源整合起来就可以。其实这几个人原来是海尔的普通员工。现在，这样的创业小团队多起来了，当然，都是在海尔的平台上进行创新与创业。

今天，在海尔的云创平台上，已经孕育和孵化出一百多个创客小微，他们当中既有海尔在册员工离开企业进行创业，也不乏社会上的人来海尔平台的在线创业者。一旦用户通过海尔的各种产品实现了连接，就会繁衍出新的商业机会。

4. 个人能做些什么

管理大师德鲁克说，21世纪企业的目标是让每个人成为自己的CEO。

在工业4.0时代，你的个体特征越明显，创新能力越强，在你所处的连接环节上就会越突出，从而就可以通过连接去吸附能量。

我们按照海尔的思维可以逆向思考一下：在工业4.0时代，每一个有理想的人都应该成为创业家（或者成为创客），成千上万的创业家组成一个平台。

除此之外，国内也诞生了很多特别的"创业型平台"，比如"大玩家"：400名企业家投资两亿元购买一艘游轮，在这个平台上给大学生做最前沿的创业培训和指导，然后不断地孵化大学生创业项目……

工业4.0形成了一个绵绵不绝的进度条，或者一个永远拉不到头的瀑布式网页。在进度条或瀑布式网页的运动过程中，一些旧模块崩塌、变化、消失了，新模块补充进来，原来的边界模糊了，工业的世界越来越平。

新模块的种子就是创业者，他们来自大企业内部，或者是最早有觉悟的年轻人。青年人创业催生的大量小微企业，其实对于大平台来说，小微企业更具创新意识、沟通能力、执行力。不仅如此，小微企业是工业4.0生态系统不可或缺的物种，需要用它来发酵。

围绕小微创业，还会衍生一系列机构，比如为小微企业申请专利的法律服务机构，为小微企业提供贷款的银行，为小微企业提供财务、人力资源管理的公司等。

在最有朝气的互联网行业，如今阿里巴巴、腾讯、百度、小米等，这些企业有那么好的资源优势，为什么不去研发创新型项目，反而喜欢收购创新型公司呢？因为船大难掉头，对于这些大公司来说，一个项目光审批就要好多天，这就很难适应社会对于灵活和创新的要求，而这对于创业型小公司来说，灵活和创新却是他们的优势。他们很多创始人甚至是90后，往往有很多想法，一旦被大公司收购，他们就获取了"连接"的机会！

也就是说，这些大平台本身不再孵化项目，它们要做的就是无限扩大平台的容量，使平台与外界获取更多的连接机会，就像海尔的计划一样，培育更多的创业者。所以无论大公司发展的速度有多快，其实并不影响我们的个人创业，两者是相辅相成的。

创业与创新，是工业4.0永恒的主题。

第五节 "新丝绸之路"经济带

工业革命固然精彩，它产生的社会激荡至今还在继续。如果工业革命是一种结果，比结果更精彩的是过程。

如果回顾工业革命的产生过程，不难发现它的厚重感：这是一场由古代到现代、由西方到东方的真正"大剧"。同时还有很多新的发现，比如中国将要这样登台……

1. 丝绸之路

在西汉时期，一个名叫"张骞"的探险家出使西域，向西开拓了一条道路，通过这条道路汉武帝的使臣最远到达了罗马，直达了欧洲和非洲。这条路的名字很浪漫，当时被称为"凿空之旅"。

到了东汉时期，一个名叫班超的校书郎，他打通了隔绝58年的西域。罗马帝国的使臣也首次来到东汉的洛阳，这是欧洲和中国的首次交往，当时世界上两个最强势的帝国开始互通友好。中国用丝织品、茶叶、瓷器来换取希腊、罗马的宝石、香料、玻璃器具。而在通过这条漫漫长路进行贸易的货物中，中国的丝绸最具代表性，"丝绸之路"因此得名。

这条长度超过7000千米、上下跨越2000多年的长路是东亚强盛文明的象征，那时的中国引领着世界的潮流，西方各国元首及贵族曾一度以穿着用腓尼基红染过的中国丝绸、以家中陈列着中国瓷器为荣耀……所以直到现在中国人依然有难以释怀的"丝绸之路"情结。

丝绸之路是古代亚欧互通有无的商贸大道，也是东西方文化的桥梁。很多传奇故事都在这条道路上发生，除了张骞出使西域、班超投笔从戎之外，还有佛教东渡、玄奘西天取经等。

公元1280年，忽必烈在宫殿接见威尼斯商人马可·波罗。

15年之后，马可·波罗在欧洲出版了让西方人充满无限遐想的《东方见闻录》，这引发了欧洲人对东方文明强烈的探索欲望，不仅开拓了欧洲人的视野，也在欧洲埋下了开辟和"拓展"的种子……

到了宋代以后，由于动乱，中国经济重心开始南移，从广州、杭州、泉州等地出发的海上航路日益发达，从南洋到阿拉伯海，甚至远至非洲东海岸，于是"海上丝绸之路"又被打通。

如今，"丝绸之路"早已成为历史，但它的历史意义非常巨大，中西方文明在这个交往过程中互相碰撞、交融和汲取。更确切地说，是东方文明在哺育西方社会，受到滋润的西方社会渐渐被激发，以至于产生一场思想聚变，为社会的激荡埋下了伏笔……

2. 文艺复兴

13世纪，欧洲旅行者沿丝绸之路来到中国，将中国的造纸术带回欧洲。

1466年，第一个印刷厂在意大利出现，印刷的出现使整个欧洲的思想意识传播迅速加快，这也间接地推动了人们思考的热情。

到了15世纪，也就是中世纪末期，欧洲人谷腾堡利用印刷术印出了一部书，名字叫《圣经》。

欧洲历史分为两个阶段，先是古罗马与古希腊时期，这个时期欧洲的文学艺术的成就很高，人们思想也很自由。直到东罗马帝国被奥斯曼帝国人灭亡，然后开始了"黑暗时期"，而欧洲的中世纪是个特别"黑暗的时期"。当时整个欧洲没有一个强有力的政权来统治，封建割据带来频繁的战争，科技发展停滞，人们生活在毫无希望的痛苦中，中世纪在欧美普遍被称为"黑暗时代"。

真正的黑暗还不是战争，而是人们思想的禁锢。当时基督教教会是欧洲封建社会的精神支柱，它建立了一套严格的等级制度，把上帝当作绝对的权威。所有的文学、艺术、哲学都得遵照基督教的《圣经》里面的教义。谁都不可违背，否则宗教法庭就要对他进行制裁，甚至处以死刑，要知道那时教皇才是最高的统治者。

例如，意大利的哥白尼因写作《天体运行论》一书，遭到教会残酷迫害病逝。而坚持哥白尼"日心说"的布鲁诺，被活活烧死。意大利的伽利略于1633年被宗教裁判所迫害至双目失明……

其实早在奥斯曼帝国不断入侵东罗马时，东罗马人就带着大批的古希腊和古罗马的文学、历史、哲学等书籍，纷纷逃往西欧的意大利避难。部分东罗马的学者在意大利的佛罗伦萨办了一所称为"希腊学院"的学校，讲授希腊辉煌的历史文明和文化等。

历史学与政治哲学家昆廷·斯金纳指出，弗赖辛主教奥托在12世纪来到意大利时，曾注意到这里出现了一种新的政治和社会组织形态，并观察到意大利似乎已开始脱离封建制度，将商人和商业作为其社会基础。

而此时欧洲的贸易中心集中在地中海沿岸，也就是意大利。既然是贸易就需要商品经济，商品经济则需要通过市场来实现，比如择优选购、讨价还价、成交签约等，一方面这是资本主义萌芽的开始，另一方面这就需要挣脱各种束缚，需要生产资料的自由、行为的自由，而所有的自由都有一个共同的前提，那就是人的自由，此时新兴的资产阶级需要自由，意大利呼唤人的自由。

于是，许多欧洲人要求恢复古希腊和罗马的文化和艺术，这种要求就像春风，慢慢吹遍整个欧洲，"文艺复兴"运动由此开始。

文艺复兴的核心是人文主义精神，提出以"人"为中心而不是以"神"为中心，肯定人的价值和尊严，主张人生的目的是追求现实生活中的幸福，倡导个性解放，反对愚昧迷信的神学思想，认为人才是现实生活的创造者和主人。在当时的意大利，才干、手段和金钱代替了出身门第，成为任何出身的人都可以爬上社会高层的阶梯，欧洲根深蒂固的贵族特权和门第观念被彻底动摇。

文艺复兴撕破了"神"秘面纱，大大解放了人的思想，使各种世俗哲学兴起。如英国培根的经验论唯物主义，再如"社会契约"、"人民主权"以及"三权分立"等著名理论。

很多伟大的文艺作品在此时相继诞生：达·芬奇的《最后的晚餐》《蒙娜丽莎》，莎士比亚的《哈姆雷特》《罗密欧与朱丽叶》，还有但丁的《神曲》等。

文艺复兴使资本主义得到了充分发展，当时意大利城市经济迅速繁荣，出现了富商、作坊主和银行家等资产阶级。他们创新进取、冒险求胜，而多才多艺、高雅博学之士也开始受到人们的普遍尊重，并实现自己的价值，同时，人们对利润的追求也被彻底激发出来。

整个社会的结构也被迅速调整，实用的学术主义得到充分重视。到了1400年间，欧洲境内便有超过50所大学。所有的发明和创造都可以有效地运用于商业。制造、农耕、贸易和航海技术都得到改进与发展，大幅超越古代的成就，鼓励了创造和探索。到了1500年左右，欧洲国家已经在许多重要科技上领先世界，进而对世界开始探索，并试图把贸易做到海外，并由此努力开辟新航线、发现新大陆等。

欧洲人借助这股发展势头，发现了各种新大陆并成为主人，此时欧洲已经可以凭借实力向古老的亚洲发出挑战，量变到质变，到了17世纪最终发生了工业革命，欧洲占据世界霸主地位。

3. 李约瑟难题

曾经有一个"李约瑟难题"摆在科学界面前，长期引起学术界的兴趣。所谓"李约瑟难题"是说中国古代科学技术要比西方发达得多，中国有不计其数的世界第一，而且往往都是领先数百年，但为什么工业革命没有在中国发生？

因为文艺复兴解放了人们的思想，从而解放了生产力，在经济和技术上完成了足够的铺垫，量变到质变，最终引发了工业革命。所以，所有的变革都必须先有思想意识上的革新。

那么问题来了：既然文艺复兴首先发生在意大利，那么为什么工业革命却先诞生在英国？那是因为英国先爆发了资产阶级革命，只有资产阶级革命才能真正扫清封建障碍。英国资产阶级革命不仅把查理一世送上了断头台，还颁布了世界上第一部完整的资产阶级成文宪法：《权利法案》。这部宪法意义巨大，因为它改变了人类的游戏规则。"议会"取代了"王权"成了最高权力机关，确立了君主立宪制。

如果再细究的话，会发现一个很有意思的问题：中国的文化很深厚，但文艺复兴发生在意大利；意大利的资本主义萌芽出现最早，但是资产阶级革命发生在英国；英国成了世界霸主，爆发了第一次工业革命，但美国和德国抢先开始了第二次工业革命。德国的科技曾全球领先，向世界霸主发起冲刺，但科学家却被美国和苏联抽空……

纵观古今中外，会发现：所有的革新都是在外部冲击和内部挤压下产生的，都有外因和内因两种因素。对于中国来说，无论是在古代丝绸之路时的强势输出，还是大唐盛世之时的威震四方，还是近代康乾盛世之时的闭关锁国，或者是洋务运动之时的师夷长技以制夷，都会落脚到一个关键问题上面，即中国该如何学习和利用外来文化？

中国历史上真正开始关注过外来文化只有两个时期，一个是洋务运动，另一个是辛亥革命，都是在已经落后挨打时才意识到向外来文化学习的重要性。但洋务运动是落后的封建阶级的自保，并不是本质上的革新，辛亥革命是软弱的资产阶级的哀求，既不独立也不自强，这是它们失败的根本原因。

这里还有个例子：日本也是一个非常善于学习的国家，早在隋唐时期的大化改新，就开始全面学习大唐文化、制度，革故鼎新，稳固了封建统治。到了近代目睹世界形势变化，发现西方的先进性，又开始脱亚入欧，重视自然科学，虽然明治维新比洋务运动还要再晚7年，却使日本成为了近代强国。明治维新成功的原因前面章节已经提及，在此不再赘述。

反观欧洲，在古代中华文明独步天下时，欧洲也有过繁荣，两者不断交流，但是欧洲更像一个学习者。到了近代，中国始终端坐如一，欧洲却处于战乱和动荡之中，经历了最黑暗的时期之后，开始了文艺复兴、启蒙运动，然后引发了工业革命。

所以，中国究竟该如何学习与利用外来文化，是我们最应该思索的问题。

4. 取之于渔

改革开放以后，中国先后依靠乒乓外交、熊猫外交打开了国门，经济发展迅速。直到高铁外交，说明中国又开始向国外输出先进技术了，踏上了崛起的征程。

2013年，中国国家主席习近平在哈萨克斯坦纳扎尔巴耶夫大学演讲时提出了"新丝绸之路"的概念，这是在古"丝绸之路"概念基础上形成的一个新的经济发展区域。东边连着亚太经济圈，西边连着发达的欧洲经济圈，被认为是"世界上最长、最具有发展潜力的经济大走廊"。"丝绸之路经济带"已是习近平近来访问相关国家时提到最多的字眼。

关于"新丝绸之路"，中国一系列支出清单包括：400亿美元丝绸之路发展基金、100亿美元东南亚铁路道路建设费用、100亿美元中欧铁路道路建设费用以及超过500亿美元用于发展中亚费用等,这都充分表明了中国"新丝绸之路"计划的宏伟规模。

再放眼世界,2014年,中国全年国内生产总值(GDP)总量突破60万亿元,同比增长7.4%,排名世界第二,而近年来美国和日本的GDP实际增长率在2%~3%之间。另外,"新丝绸之路"经济带有丰富的自然资源、矿产资源、能源资源、土地资源和宝贵的旅游资源,被称为21世纪的战略能源和资源基地。所以,中国日益庞大的市场,再加上丰富辽阔的资源,需要不断地加强国际合作,才能更好地带动自身和世界的发展。

习近平强调:我们可以用创新的合作模式,共同建设"丝绸之路经济带"。这是一项造福沿途各国人民的大事业,丝绸之路经济带总人口30亿,市场规模和潜力独一无二。

而事实上,不仅是资源和贸易上,中国也在不断加强科技领域方面的国际合作,2012年3月,在科技部和北京市有关部门的大力支持下,由40余家国内外知名技术转移与创新服务机构携手组建了"国际科技创新转换中心",该中心计划在2~3年时间,建设2万平方米的国际技术转移集聚区,广泛吸引跨国技术转移服务机构入驻。

条条大路通罗马。古罗马则有句成语:"距离愈远,敬仰益深",提到了丝绸之路,提到了罗马,那就必须提到意大利。

2014年,习近平会见了意大利总理伦齐。伦齐强调:意大利将拿出比马可·波罗和利玛窦更大的胆识和远见,推动中意全面战略伙伴关系发展。

意大利,这个世界上拥有最多世界遗产的国家、欧洲文明重要的起源地和传承地、全球第6大经济体,又踏着丝绸之路的足迹来到了中国。所以,历史的精彩就在于它的传奇性,经过千回百转,东方和西方这个世界上最重要的两极,又在孕育着一场合作。

2010年11月,中国科学技术部部长万钢访意,与意大利公共管理与创新部部长布鲁内塔签订了关于共建"中意技术转移中心"的协议。

中意技术转移中心是欧洲最重要的科技转移服务机构，目前已经与科技部国际合作司下的中法、中德、中美技术转移中心一起，共同参与到中国的"国际科技创新转换中心"和地方科技创新总部基地计划中。而"国际科技创新转换中心"是由亚洲产业科技创新联盟发起并获得国家科委科技部支持的。

在如何更好地利用国外先进技术为国内百姓服务方面，亚创联的一个落地项目很值得学习。

这就是我们前面提到的那个例子，VISystem是"情感识别"技术领域最先进、最早投入使用的系统，国内多地公安技术主管部门正在通过亚创联引进VISystem项目，一旦VISystem被广泛应用到各种安保设施上，就可以通过识别面部细微变化来识破犯罪分子，从而提前加以制止犯罪活动，真正做到"防患于未然"。就像浙江省公安厅技侦总队的刑侦专家说的那样："如果依靠国内的团队，至少要七八年的时间才可以达到实用化程度，既然国际上已经有可以直接拿来使用的成熟的技术，为什么不先拿来，提前七八年为我们服务呢？"

国家安全是我们在国际技术合作中需要时刻绷紧的神经，正如前面所述，VISystem在工作过程中就会产生大量的信息，这些信息其实就是人们的数据库。小到治安犯罪，大到国际间谍，从大数据的角度上讲，这都具有极高的利用价值，因此亚创联引进VISystem的一个重要条件就是VISystem系统的源代码和软件的国内使用权、再研发权以及未来软件运行所产生数据的所有权和管理权，保密权必须归中方所有。

所以，在国际学习、国际协作成为大势所趋的前提之下，国家与国家之间必须保证一定的独立性，彼此学习但互不干涉，要善于取长补短，但不能受制于人。这也是亚创联成立的目的和要解决的主要问题，就是从全人类生存和发展的角度着眼，尽力避免国与国之间的政治因素干扰，努力促进科技领域的深入交流与全面合作，真正实现科学技术为全亚洲乃至全世界人民服务。

临渊羡鱼，不如退而结网，强调的是行动；授之以鱼不如授之以渔，强调的是方法。取之于鱼不如取之于渔！

CHAPTER 7

第七章

发达国家的工业4.0

德国、美国、日本等发达国家的工业4.0各有千秋，互相之间既有竞争又有合作，中国必须深入学习它们的长处，知己知彼，赢得主动。

第一节　德国与日本

1. 历史对比

日本和德国有很多相似的地方，都是O型血为主体的人群，性格长处也很接近：敬业、认真、韧性和有责任心；也同样都崇尚武力、好战勇猛，有强烈的征服欲；都是资本主义国家后起之秀；当然也都大肆屠杀过其他民族，侵略过周边国家……

但为什么两个国家走上了完全不同的道路？为什么同为先进的工业国家，工业4.0的大旗却被德国先扛了起来？见贤思齐，见不贤则自省，我们很有必要深入地学习一下两个国家的发展路径。

先从两个国家开始崛起说起。

1870年，在铁血宰相俾斯麦的指挥下普鲁士击败了法国，德意志帝国宣告成立，当年工业产值占世界13.2%，在英国（32%）和美国（22%）之后，居世界第三位。此时，日本明治维新刚刚开始3年，此时它的工业产值基本可以忽略不计，这个时候德国远远强于日本。

到了1900年，德国工业产值占世界16%，依然排在美国（30%）和英国（20%）之后，日本经过32年的明治维新和甲午战争，吞并琉球改冲绳县，并强占中国台湾作为殖民地。

1905年日本战胜了沙俄，得到了库页岛的南半部；1910年日本吞并了朝鲜，但日本与德国的经济差距基本不变。

第一次世界大战之后，德国遭受了极大损失，180万人战死沙场。1919年签订的《凡尔赛和约》让德国失去13%的领土、10%的人口。盛产煤、铁的阿尔萨斯—洛林归还法国，纺织中心西里西亚大部分割给了新独立的波兰，剩下的东普鲁士与本土互不连接，海外殖民地全部丢失。其工业产值占世界的比重降为9%，还要支付大量赔款。

与此形成鲜明对比的是，日本和美国在战争中大发横财，战争期间，日本工业飞速发展，1919年，产值占了世界的2%，并委任统治了原属德国的南太平洋上的一些岛屿，青岛也在此时被规定由德国转交给日本。

此时日本和德国差距明显缩小，但战败的德国仍然强于战胜国日本。

但是第一次世界大战后，在美国资本扶持下德国经济开始恢复，1927年和1929年，重新超过英、法，回到了世界第二位。当然，1929—1932年的经济危机对资本主义各国打击很大，美、英、法、德、日、意都受到了影响。1933年，希特勒上台，德国经济又开始恢复（这一点确实要客观评价希特勒）。1937年，德国又占世界工业产值的12%，居世界第三，第二为苏联，占13.7%（两个五年计划大力发展工业）。此时日本为4%，居世界第六位。德、日差距进一步缩小，但是日本海军实力超过德国，这也是日本唯一领先的一项。

与第一次世界大战相比，第二次世界大战对德国的打击是毁灭性的：700万人阵亡；东普鲁士划给苏联，奥德河以东10万多平方千米割给波兰；更惨痛的是，剩下的土地被分成两个德国。虽然二战对日本的打击也很大，死亡310万人，退还了库页岛南部、朝鲜和中国台湾地区，但还不至于四分五裂。此时日本依然拥有琉球群岛，并全国处于美国保护之下。

1950年在美国的援助下，德国、日本的经济基本恢复。这一年，联邦德国GDP为233亿美元，日本为107亿美元，西德为日本的2倍，居世界第五位，日本居世界第八位，日本此时不仅进一步缩小了同德国的差距，而且开始了全面赶超西欧的步伐。

一切来得太快了。日本的GDP在1966年超过英国，在1967年超过法国，在1968年超过了联邦德国，跃居世界第三位，仅次于美国和苏联。而这一年，正是明治维新100周年，此时日本在钢铁、汽车、造船、海外纯资产等方面都超过了德国。德国只有机械制造和对外贸易两项领先。

1990年以后，由于苏联的崩溃，德、日两国的GDP分别居世界第三、第二位。但日本的领先优势进一步扩大，2000年，日本GDP为4.77万亿美元，占世界14.7%，德国为1.88万亿美元，只占世界6%，日本人均产值是德国的1.6倍，此时德国虽然统一，但东德GDP只占全德7%，微不足道。直到2005年，日本GDP为4.99万亿美元，德国为2.85万亿美元，日本是德国的1.8倍，人均产值是德国的1.15倍。

这就是历史，真是风水轮流转，一百年河东一百年河西！

德国好几次向世界霸主发起过冲刺，但都失败了。

在近代史上，德国的科技一直是世界最强的，获得诺贝尔奖的德国人是美国人的3倍；德国人最先开始研究原子弹，犹太人很聪明，但希特勒却逼得大批犹太科学人才流亡美国，很多可以搬动的工业设备、精密仪器和大量技术资料则落入苏联手中。

这一切都源于畸形的民族主义和个人的野心。国虽大，好战必亡！

2. 政策对比

我们说：科技引发争夺，争夺触发大战，大战塑造格局，格局引起反思。正是因为德国遭受的创伤太大，所以德国的反思也是最深刻的。而日本呢？虽然同是战败国，由于日本没有被彻底打垮，所以日本也没有真正地反省。不得不说，这是日本的遗憾，也是历史的戏剧性。

一时的得势往往注定一生的失败。摩根斯坦利分析师任永力的文章《德国制造与日本制造》指出：虽然德国和日本是许多人心目中并驾齐驱的工业出口大国，"Made in Germany"和"Made in Japan"是难以超越的金字招牌。然而，情况逐渐悄然变化，德国出口业一路高歌，日本却不断受挫。德国出口业以其扎实的竞争力位居世界第二。

进入21世纪，日本经济基本处于零增长，德国却稳中有长，再加上欧元不断升值，以及德国在制造业的不断积累，终于引发了世界新一轮工业革命，日本的领先地位岌岌可危。

德国和日本的第一轮较量，日本凭借机遇上位，实力方面压倒了德国。但是比机遇更重要的是实力，比实力更重要的是态度。德国就是依靠端正的"发展态度"完胜日本。

我们来对比一下两个国家的"发展态度"。

德国和日本的"出口战略"是截然不同的。日本惯用的是一种"入侵"式的出口。如1969年美国进口的钢铁42%来自日本，彩电更是高达90%。20世纪80年代日本生产的半导体不仅占领美国市场，而且还进入美国在欧洲的市场。日本把高达50%以上的产品出口到美国，机电产品的出口也占到74%。能源危机后，日本生产的价廉、省油汽车更是充斥美国。

而德国却尽量分散其出口产品的种类。以1987年为例，德国没有一种产品的出口能占到25%以上的份额。德国还尽可能多地出口更多的国家，大多数公司只把不超过10%的产品出口到美国。德国在出口大量产品之后，还会在当地同时进口大量产品。而日本则是出口在美国，同时又在第三世界国家进口，以捞取巨额回报。

两种完全不同的出口方式的背后，其实是两国对历史问题采取完全不同的立场（这一点下面再谈）。这就使德国没有发生贸易摩擦，也没有受到报复，而日本却被迫签下广场协议，最终为其贪婪付出极其昂贵的代价，使日本债务更高达GDP的200%。

但是面对经济下滑，日本连续五次下调利率，降到2%最后甚至降到零，同时实施宽松的财政和货币政策，贷款占GDP的比重从1985年的50%升至20世纪80

年代末的100%，从而出现巨大的房地产泡沫和金融泡沫。

当然欧洲也发生了危机，但德国并没有走日本放宽贷款、增加货币的道路，其利率依然维持5%。转向提高企业盈利能力的方向。

德国在面对危机时作出的举动是令人钦佩的。这些改革可归于一句话：大幅减少医疗、养老金和失业补贴方面的开支。

这种政策从施罗德到默克尔都在强制执行，从而挽救了德国，而且成为支撑欧元区的唯一力量。

而同一时期的日本，被认为21世纪以来最出色的首相小泉纯一郎，六年六次参拜靖国神社（默克尔是七年六访中国）。他的最后一次参拜竟然选在8月15日二战结束日，挑衅意味十足。这自然引发亚洲各国特别是中、韩、朝三国的强烈抗议，导致日本和东亚各国关系急剧恶化。

要知道这一时期的日本经济之所以略有复苏，主要是中国经济高速增长的拉动。小泉之所以如此挑衅中国，是因为以他为核心的政治精英认为中国的崛起不会成功。他大概根本不会想到，他下台后仅仅五年，中国就取代了日本占据近半个世纪的全球第二大经济体的宝座。

以1991年年初"泡沫经济"破灭为转折点，日本经济陷入了长达10余年的经济低迷时期，国民对日本政治的现状越来越不满，他们期待一个强势的政治领袖出现。此时小泉纯一郎参拜的忠实拥护者安倍晋三又登上了首相的位置，安倍晋三坚决继承外祖父岸信介的"强国论"思想，支持参拜靖国神社。

如此极端的领袖，怎么可能把日本带向光明大道？安倍晋三最妙的一招是"安倍经济学"，自2012年在日本实施以来，至今已经第三年，日本经济出现了技术性衰退，依靠举债拉升经济增长的策略已经到了极限，外界对安倍经济学的前景有所怀疑，前途一片渺茫。数据显示，安倍急功近利的"三支箭"几近饮鸩止渴，在安倍自己都信不下去的"安倍经济学"失效之际，2014年国际评级机构穆迪最近下调日本政府信用评级到A1。

大家对"安倍经济学"最大的批评就是投入大量的资金却没有收到相应的效果。特别是日本的实体经济依旧低迷，日本公司的利润率只有美国的二分之一，日本企业的创造力之所以逐渐丧失，也跟日本对于市场的引导有关。

在德国，德国政府为鼓励创新型中小企业发展，2013年仅针对创新型中小企业的创业投资基金就达5亿欧元。中小型企业是德国经济结构中很重要的力量，占据德国全部经济输出的52%。超过99%的德国公司属于中小型企业。这样的中小型企业在质量和产品方面展开角逐，却很少造成价格上的恶性竞争。德国还鼓励中小企业同海外合作，助推其国际贸易发展。

而日本的中小型企业大多仅限于向大型企业提供中间产物，日本的大型生产商本身已经承受着巨大的价格压力，中小型企业则被大生产商压榨。根据日本经济产业省（METI）的调查，21世纪初日本大型企业利润的反弹大多来自对中小型企业的压榨。在最后几年，大概只有三分之一的日本中小型企业是盈利的。最无奈的是，在日本只要总公司可以维持，资不抵债的子公司就不能关门。

因此，在德国像汽车这样传统优势产业愈发成熟，而日本却正在丢失如电子产品这类原有优势的市场。

3. 态度对比

虽然日本借助机遇发展了起来，在实力上后来超过了德国，但是比机遇更重要的是实力，比实力更重要的是态度。一个人对待各种事情的态度，决定了他能得到多少人的认同感。一个国家对待历史的态度，也决定了其能获取多少支持和帮助。

德国以上的很多作为，与他们二战以来举国上下的反省有关，德国可以诚恳地面对历史和现实，所以也会稳步地往前发展。再纵观日本历史，日本由被人欺，走向欺人，最后又开始自欺，所以日本的发展也必然会走向"自欺欺人"。

我们来看一下两国对于二战的表现的区别。

1970年，联邦德国总理勃兰特在犹太人死难者纪念碑前双膝下跪。

1985年纪念二战结束40周年，联邦德国总统魏茨泽克明确表态："5月8日是解放之日，我们大家（在这一天）从纳粹独裁统治下解放出来。"

2005年4月10日，在德国东部城市魏玛附近的布痕瓦尔德集中营旧址，德国总理施罗德为集中营遇难者纪念碑献花。

再来看下安倍晋三的言论："日本首相参拜靖国神社是理所应当的，这是首相的责任。下任首相当然要继续参拜。""别国不应指手画脚。""我认为，甲级战犯不能被称为战争罪人。""在日本，不能说他们是罪犯。"

而且德国对二战的反思还有很多实际行动，先后向波兰、俄罗斯、原捷克斯洛伐克等受害国家和受害的犹太民族进行了巨额赔偿。联邦德国成立后即开始退还纳粹没收的财产。1956年，联邦德国议会通过了纳粹受害者赔偿法，400万人获得赔偿。2001年6月，德国议会批准成立资金为45亿美元的基金，用来赔偿纳粹时期被迫为德国企业卖苦力的劳工。6300多家企业为这项基金提供了捐助。2002年，德国赔偿金额达到1040亿美元，它每年还继续向10万受害者赔偿624亿美元的养老金。

德国在教科书方面规定：历史教科书必须包含足够内容的纳粹时期历史。根据这项法规，各州在联邦教育部的监督下编写、审定及出版历史教科书。

而日本的教科书一直在掩盖历史。2015年1月初，日本文部科学省已经批准一家出版社修改高中教科书的申请，修改后的教科书删除"慰安妇"字眼。这家名为"数研出版"的出版社提出申请，计划新学年使用的三本社会学教科书中删除"随军慰安妇"和"强征"等字眼，文部科学省已经批准这一申请。安倍晋三再度上台以来，一直试图修改日本教科书，试图从根本上否认二战时日本的各种侵略事实。

二战之后日本为战犯修建了靖国神社，将战争罪犯供奉起来。现在德国境内也有二战遗址，也有纪念碑和墓碑，德国领导人每年都会在这些地方悼念，但是他们悼念的是与德军作战的苏联红军和西方盟军。纳粹分子在德国背负骂名，德国领土上没有他们的坟墓，更没有他们的任何纪念物。1995年，德国在柏林市中心修建了"恐怖之地"战争纪念馆，专门揭露纳粹的种种暴行，后来又修建了大屠杀纪念碑和纪念馆。

德国甚至还制定法律，坚决打击新纳粹主义、种族主义以及其他极右势力。1994年，德国议会通过了《反纳粹和反刑事犯罪法》，在法律上限制了纳粹的死灰复燃。德国人的反思真正触及到了民族的灵魂。

而安倍晋三却力主修改日本"和平宪法"，要求实行集体自卫权，鼓吹中国的威胁论。

4. 总结

纵观两国的发展历史，我们会发现：德国经历了分裂统一、统一发展、分裂统一、统一发展的"生死轮回"过程。就像弹簧一样，被压制得越深，蕴含的能量也就越大。当然两次惨痛的教训也彻底唤醒了德国，使德国充满的都是积极向上的"正能量"。这次又扛起"工业4.0"的大旗引领下一轮工业革命，准备第三次和平崛起。

只有经历过地狱的人，才知道天堂在哪儿。中国不也是一样吗？中国自从鸦片战争以来经历的挫折与磨难是其他任何一个大国所不能相比的。所以中国的选择也是"和平崛起"。崇尚和而不同的和谐境界。因为只有经历过彻痛的人，才能领悟到"大爱"，笔者也坚信这一点。

正是因为日本没有经历过分裂，也没有大起大落，所以日本的民族意识一直没有根本进步，一直停留在明治维新的阶段：要么你死要么我亡。日本对周边的国家一直都是敌对态度（比如同韩国、俄罗斯的领土争端）。我们可以理解一个岛国浓重的忧患意识，但是一向擅长学习和模仿外来文明的日本，为什么看不到这股和平与协作的世界大浪潮？

第二节　美国与日本

1. 美国特斯拉

日本这个民族，可怕就可怕在：无论是政界还是商界，总会放出一些豪言壮语。

在新一轮的工业革命中，政治上有安倍晋三的呐喊，企业上有孙正义的实践，可以说这次由工业4.0带来的世界格局大调整，中国不仅要赶超德国和美国，同时还必须时刻关注日本这个邻居的一言一行。

通向工业4.0的路径有很多种，德国用制造业繁荣，美国用互联网加速，日本的工业4.0路径是很特别的，我们先来看看美国和日本在工业4.0间的较量。

我们都知道特斯拉电动汽车是美国发明的，它能做到安全极速达每小时297.7千米，百千米加速只需3.2秒，续航里程达480千米。但是，大家想过美国为什么能把电动汽车做到这种程度吗？

彭博汇总的资料显示，特斯拉共有14家供应商，分别来自于日本、美国、法国、瑞士、瑞典、韩国等。特斯拉电动汽车所用的材料和部件都是从各国"拼凑整合"出来的。那么为什么美国可以造出来特斯拉电动汽车，其他国家却不可以？

这其实就是美国的"工业4.0"（美国工业互联网）发挥的作用，特斯拉电动汽车的动力系统其实是7000多块松下电池提供的"18650"圆柱形小型锂电池。但是，我们一般做不到每块电池的电压是完全一样的，那么当电压不一样的时候，把电池连在一起就会发热，所以这就是传统电池的瓶颈。但是工业4.0的一个重要环节就是每个机器都可以根据产品特性做相应的调节，所以美国使用了大量的传感器和软件,以及一些大数据的分析,可以实时地测试每个电池组的电压,然后自动调节电流。所以说,特斯拉电动汽车其实就是工业4.0的一个成品(当然以后还可以再改进)。

特斯拉电动汽车突破的不仅是电池性能,还有材料。比如,当发动机的叶片在高速运转时,温度就会逐渐上升。美国是怎么做的呢?机器生产设备可以先提取产品的材料性能、环境要求、使用寿命等各种参数,然后再结合大数据库去寻找相应的材料,这样就实现了随时来随时加工,但之前人们寻找材料却需要做各种实验,是一个很漫长的过程。如今这些过程被"工业4.0"缩短了周期,所以才产生特斯拉这样的里程碑产品。

这就是美国工业互联网的应用。

美国的"工业4.0"(工业互联网)主要凸显了互联网在生产过程中的作用。由于特斯拉使用的很多材料都来自于其他国家,这不得不让人有所担扰,所以在日本电池圈流传了这样一个概念:特斯拉危机迟早会爆发。

2. 特斯拉危机

日经技术在线近期引用日本一些电池技术人员的看法,认为特斯拉这样做迟早会发生"特斯拉危机",这7000多块18650电池就是引发危机的导火索。因为18650原本是索尼公司内部使用的规格名称,其基本构造已经20多年没有变化。正如日本一些电池技术人员所说,"18650始终是一款寿命只有几年的消费类产品用电池。"

造成锂电池劣化的主要原因是水和热。日经技术评论认为,从结构上来说,18650抗水和抗热性能不强。虽然采取了一些措施,如对设置在圆筒和盖板之间的密封垫进行了改进等,但电池技术人员认为,18650的水蒸气阻隔性能"依然不及采用复合薄膜的袋式(Pouch)电池"。关于热的问题,因为18650的单元内部几乎没有空隙,因此散热性较差。当然,特斯拉已经采取了一些应对措施,但随着供货量越大,电池劣化导致重大缺陷和事故的可能性就会越大。

日本电池行业人士出现了这样的传言："特斯拉或许会放弃自己18650电池战略。"或许特斯拉的电池将由18650单元改为大型车载电池。因为以安心、安全为大前提的汽车如果事故频发，特斯拉一定会名誉扫地。

因为掌握了电池能源，所以日本的GLM正在试图使以前的跑车以纯电动汽车形式复活。目前，该企业正在一辆一辆地手工制造纯电动汽车，GLM计划2015年以每月10辆的速度开始生产，并于2015年内完成99辆交车任务。

3. 整合与对抗

所以说，各国在工业4.0方面是各有所长、各有所短。大家彼此协作，谁也离不开谁，每个国家都有自己的核心优势，但是每个国家又不甘心只守住自己的"家业"，一边合作一边竞争。

与日本不同的是，美国的工业4.0更注重工业上的互联，这是一种工业资源的智能整合，体现在系统集成领域，特斯拉就是这样诞生的。另外，美国也很强调与人的连接，甚至企图倡导将人、数据和机器统统连接起来，形成开放而全球化的工业网络，但其内涵已经超越制造过程以及制造业本身。

比如通用电气已推出24种工业互联网产品。

美国的工业4.0和日本的工业4.0的矛盾是美国试图整合所有工业资源，而日本总试图通过自己的发展组建起一套完善而独立的工业系统。

制造业是工业4.0的根本，能源则是制造业的根基。基于此，日本首相安倍晋三曾推出的"第三支箭"刺激方案加大了燃料电池车产业的补贴力度，丰田汽车等主要日本汽车厂商正在与政府合力发展燃料电池车，这势必侵蚀美国特斯拉电动汽车的市场。

在工业4.0方面，日本格外重视能源的供给。安倍晋三宣布，计划到2015—2016财年将该国的氢燃料充电站数量由目前的17座扩充至100座。这是日本政府首次制定燃料电池车相关产业的发展时间表，日本政府还希望在2025年前将燃料电池车的售价降至2万美元左右。

重视能源的背后，体现了日本对于制造业的重视程度。日本首相的咨询机构"制造技术恳谈会"向政府提交的报告就强调，制造业是日本的生命线，没有制造业就没有信息产业和软件产业。日本曾专门制定了《机械工业振兴法》，1999年起草了《振兴制造业基础技术基本法》，日本经济产业省2000年制定了"国家产业技术战略"。

2014年，日本经济产业省继续把3D打印机列为优先政策扶持对象，计划当年投资45亿日元，实施名为"以3D造型技术为核心的产品制造革命"的大规模研究开发项目，开发世界最高水平的金属粉末造型用3D打印机。所以当美国在20世纪70、80年代把制造业视为"夕阳工业"，热衷于把科技发展的重点置于高技术和军用技术时，日本的注意力始终没有离开过制造技术的开发和应用。

4. 日本机器人

最值得一提的是，日本工业4.0的最大突破口就是对"人工智能"产业的探索。日本老龄化问题非常严重，日本政府在制定各种政策时很注重考虑给予人工智能技术的企业以优惠税制、优惠贷款、减税等多项政策支持，以解决劳动力断层问题，并支持未来的工业化生产线、工业智能化，希望借助在该产业的高投入以解决劳动力断层问题。

日本早在20世纪90年代就已经普及工业机器人，到现在已经发展了第三、四代工业机器人。日本采用智能化生产线的企业越来越多。比如日本汽车商本田，通过采用机器人、无人搬运机、无人工厂等先进技术和产品，加之采用新技术减少喷漆次数、减少热处理工序等措施把生产线缩短了40%，并通过改变车身结构设计把焊接生产线由18道工序减少为9道，建成了世界上最短的高端车型生产线。

智能化、最大限度减少人力是日本工业所追求的目标。本田公司正在将尽可能多的任务集中到一个流程，这样生产线就会非常精简且一体化。一方面生产效率提升了，另一方面实现了"柔性生产"。但这对机器人有了更高的要求，机器人必须根据数据作出及时的判断和决策。另外，日本电子巨头之一的佳能公司从"细胞生产方式"到"机械细胞方式"，创立了世界首个数码照相机无人工厂。

继电视机、计算机、游戏机、智能手机之后，机器人被视为是未来家庭中的第五大类智能终端，日本软银集团创始人兼总裁孙正义对于机器人寄予了很高的期望，他在2014年度软银世界大会（Softbankworld 2014）上做主题演讲时的结束语是："到了2050年日本的经济竞争力将能够成为全球第一，日本将不再是'日沉之国'，而将复活为日出之国！"

孙正义首先清醒地看到了日本的一个短板："生产性×劳动人口＝竞争力"，中国、美国、印度的制造业劳动人口数量多达7000万、1000万、1000万，日本则只有700万；同时，与中国、印度平均月薪只有7万日元、3万日元相比，日本的平均月薪为25万日元。从这个角度考虑，日本在生产性和劳动人口两方面均处于劣势，竞争力下降也就在所难免了。

基于人口成本考虑，孙正义提出了复活方程式：3000万台产业机器人24小时工作，就相当于增加了9000万制造业劳动人口，而支付给每台机器人的"平均月薪"仅为1.7万日元，无疑解决了其短板。孙正义最被外界津津乐道的就是传言他1999年决定投资中国的阿里巴巴时，只用了5分钟时间做决断，这一笔投资让其至今仍是阿里巴巴集团的最大股东，被外界誉为是日本的"巴菲特+盖茨"。

谈到这里，笔者认为最可怕的不是阿里巴巴被日本人控股，而是日本的企业家拥有的那种政治胸怀。所以，日本人身上既有我们警惕的地方，也有很多我们需要学习的地方。无论从哪个角度来看，第四次工业革命的浪潮已经被高高掀起，世界面临再一次被瓜分的局面，日本、美国、德国、英国都在"划归地盘"，不是用枪炮，而是用科技。

第三节　美国与德国

1. 历史对比

我们知道，第二次工业革命就发源于美国和德国，两个国家都成了资本主义国家的新贵，在各个方面不相上下，尤其是科技领域。但是因为两次世界大战，一个是战胜国，获利最大；一个是战败国，受伤最深。后来美国主导了世界第三次工业革命，成为世界霸主。而德国直到现在，还是一直在默默地努力。

但是，似乎美国一直在邂逅德国。随着第四次工业革命的爆发，德国又逐渐追了上来，在工业4.0的探索方面，最具前瞻性的国家就是美国和德国，而且在工业4.0这条道路上，美国和德国是相向而行：一个自上而下，一个自下而上，竞争在所难免，交手是必然的。更何况两个国家还有那么深的历史渊源，可谓狭路再次相逢，两强相遇勇者胜。

最先提出"工业4.0"概念的是德国，当时是在2011年德国汉诺威工业博览会上，由相关协会先提出的一个初步概念。随后在2012年2月，美国正式发布了《先进制造业国家战略计划》，从此踏上了新一轮工业革命的道路，由此可见美国人的行动力。到了2013年4月，德国政府才正式推出了《德国工业4.0战略》，成了德国的一张新名片，并迅速在全球掀起了"工业4.0"概念的热潮。

2. 创造性与严谨性

德国以严谨和认真而著称，而美国更加注重创新和实用。

美国企业的管理模式是：激励+绩效；文化模式是：灵活+创新。在美国一项发明是否被企业接受，关键在于它能否在现实中加以应用，能否在社会生活中产生实效。所以，在美国很多人在家里面就可以上班，企业不管你用什么方法，只要能够完成你的职责就行，当然如果能创造性地完成工作，那就更完美了。

这反映了美国人的价值取向，这种价值体现在美国的各个方面，正是因为创新和实效，美国的企业非常务实，很有杀伤力。

我们前面说过，美国人一边用笑话嘲笑德国人的严肃和认真，一边感叹世界上认真的民族也是最有希望的民族。再来看看德国人吧，德国的员工在工作时不会有半点懈怠和马虎，德国人讲求踏实，万事都从诚实可靠着眼，每一个细节都不会放过。

这种民族习性不仅表现在行为上，还可以在一个国家的方方面面体现出来。比如中国讲究儒家思想，儒家思想的本质是崇尚道和德，讲究极高明而道中庸，为人处世不偏不倚，这是一种处世之道，所以中国人的注意力往往不在产品本身。体现在企业上就是，营销比产品重要，比如时下我们最爱提的"互联网思维"，就是一种营销之道。

正因为有如此多样的民族习性，所以世界才无论什么样的民族习性，都得面对一个大潮，那就是世界的多元化，先来看看美国。

3. 个性化与定制化

与世界上其他林立的发达国家相比，美国是唯一没有经过封建社会的国家。这也就意味着美国没有沉重的封建包袱。

美国人向往自由，自由精神是美国的旗帜，是美国梦的核心。

美国人总会千方百计地争取自由，整个美国的自由就是通过独立战争从英国人手里争夺的；美国西部牛仔的开拓进取也是一种勇于冒险的自由精神，自由女神像更是美国自由精神的象征。

美国的很多文化都是自由衍生出来的，比如包容、开放、多元化等。而"个性化"首先是美国大力推进的。在美国的文化背景下，个性要比组织色彩强烈。

而且这种"个性化"的趋势在美国制造业得以体现。一些专注于通过信息技术使得生产工程高效化、专业性的小规模手工制作的制造业，在美国很多地方开始涌现。它们可以根据用户的需求进行柔性的定制化服务，凭借优越的设计，与大量生产形成差异化竞争，而且越来越受欢迎。

实际上，不仅美国，看看我们自己身边的变化也能感知这一世界趋势。生活里的很多产品开始趋向于个性化、定制化。一方面人们对于自我越来越关注，另一方面人们的要求越来越细化，标准化产品很难满足这两方面的需求，而这一切深层次的原因就是生产力的进步催生了世界的多元化。

那么，如何才能实现个性化和定制化？这就需要工业化和信息化的深度融合。也就是说在工业制造中，必须有柔性的一面，用这种柔性去无限满足或趋近产品的个性化定制，冰冷的机器是不可能具备这种特征的，只有融合了数据、信息，机器才能表现出"善解人意"的一面，有了"柔情"才有柔性。所以，工业4.0的本质就是工业的深度信息化，我们身边的产品不断地在信息化，比如各种智能设备、智能家居等。

这就对制造业提出了更高的要求，一方面制造企业要能够不断地将人们的需求转化成信息，根据信息作出反应，以快速响应市场变化。并通过快速重组、动态协同来创造产品，这既可以减少产品投放时间，又能增加市场份额，同时还能够分担基础设施建设费用、设备投资费用等，降低经营风险。另一方面，制造企业还要能够将各种信息集成与共享，发现更有价值的信息。

所以在未来，谁能掌控信息的主导权，谁就代表了最先进的生产力，从企业角度来讲，谁就能获取更大、更长期的利益。而美国在1994年就提出《21世纪制造企业战略》的报告（美国国防部为促进21世纪制造业发展而支持的一项研究的成果），其主旨就是以"灵敏制造"取代"先进制造"，可见美国在这方面觉悟得更早。

4. 美国"工业互联网"

"工业4.0"在美国称为"工业互联网"，它将智能设备、人和数据连接起来,并以智能的方式利用这些交换的数据。在通用电气的倡导下,AT&T、思科(Cisco)、通用电气(GE)、IBM、英特尔(Intel)已在美国波士顿宣布成立工业互联网联盟(IIC),以期打破技术壁垒,促进物理世界和数字世界的融合。

另外,作为一个未来的潮流,工厂将通过互联网,实现内外服务的网络化,向着互联工厂的趋势发展。随之而来,采集并分析生产车间的各种信息,向用户反馈,将从工厂采集的信息作为大数据通过解析,能够开拓更多、更新的商业机会。对硬件从车间采集的海量数据进行处理,也将在很大程度上决定服务、解决方案的价值。

美国因为有着Google、IBM 等IT巨头和无数的IT企业,所以在大数据应用上较为积极,非常重视为社会带来新的价值。Google不断将制造业企业收购至麾下,就是希望掌握主导权。同时,作为美国大型制造业企业的一个代表,GE公司也开始加强数据分析和软件开发,从车间采集数据进行解析,提供解决方案,开拓新的商业机会。

而实际上,与德国的"工业4.0"相比,美国的工业互联网范畴更广阔。它企图将人、数据和机器连接起来,形成开放而全球化的工业网络。相比德国西门子的"工业4.0",通用电气的"工业互联网"方案更加注重软件、互联网、大数据等对于工业领域的颠覆。所以,德国强调的是"硬",美国注重的是"软",而这种柔中带刚的"软性"实力,恰恰是"工业4.0"这条"价值链"的最上端,却也是美国最为擅长的。

因此,美国一直企图在"工业4.0"的上游活动,对德国形成拦截,体现了面向系统的思维模式。位于价值链上游的企业为了汲取附加价值,不应面向零部件,而应面向系统来掌控市场。GE的核心技术就是系统,该公司在20世纪80年代已经向能源系统公司转型,如今,那时积累的成功经验无疑将应用到GE大力推广的医疗服务等领域之中。

美国"工业4.0"究竟具有什么样的延展性呢?通用电气向第三方用户和软件商开放了Predix工业互联网新软件平台。可容纳包括从飞机发动机到医疗核磁共振设备在内的任何系统和机器的数据,可实现远程管理,并与客户现有软件和数据管理系统结合。

回顾和总结:第一次工业革命和第二次工业革命,引发了国家之间对于资源的争夺,以扩张领土为主要目的,可称为"世界大战";第三次工业革命引发了国家之间对于石油等重要生产资源的争夺,以金融和经济为主要方式,可称为"和平演变";第四次工业革命将引发国家之间对数据和信息的争夺。可以说,今后谁掌握了终端数据,谁就掌控了世界。

"工业4.0"将产生大量数据。这些数据究竟归工厂(德国)所有,还是归软件制造商(美国)所有?所以,以后国家与国家的争夺不只表现为领土的纠纷,更表现为数据和信息的控制。

5. 通用电气

"工业互联网"是通用电气提出的概念,通用电气的历史可追溯到托马斯·爱迪生,他于1878年创立爱迪生电灯公司。1892年,爱迪生电灯公司和汤姆森-休斯顿电气公司合并,成立通用电气公司。通用电气还是自道琼斯工业指数1896年设立以来至今唯一仍然在榜的公司。

通用电气这家百年企业如今新生焕发,成为美国新工业革命的引领者。很多美国媒体甚至称美国版工业4.0实际就是通用电气的"工业互联网革命"。

根据通用电气的预测,在美国工业互联网能够使生产率每年提高1%~1.5%,未来20年将使美国人的平均收入提高25%~40%,工业互联网将为全球GDP增加10~15万亿美元,相当于再造一个美国。

截至目前,通用电气已推出24种工业互联网产品,涵盖石油天然气平台监测管理、铁路机车效率分析、医院管理系统、提升风电机组电力输出、电力公司配电系统优化、医疗云影像技术等九大平台。

不得不提的是,通用电气这家公司与战争一直有着不解之缘。两次世界大战中,这家公司大发战争财,迅速成长。第一次世界大战后,该公司在无线电方面居于统治地位，1919年成立一家子公司，即美国无线电公司，几乎独霸美国无线电工业。第二次世界大战又使通用电气公司的业务和利润急剧增长……

通用电气在国外逐步合并意大利、法国、德国、比利时、瑞士、英国、西班牙等国的电工企业。不仅是电工企业，其旗下的业务已经涵盖金融、融资、能源、医疗、基础设施、媒体、交通、高新材料、保险集团等各个重要领域，而且在很多领域其水平都处于全球领先地位。通用电气其实就是一个扩张平台，是一个扩张帝国，这也是新时期的"帝国主义"，这种状况让各国对这个国家不得不"另眼相看"。

这也是为什么德国要极力发展"物理信息系统"的根本原因所在。

6. 德国的"物理信息系统"

德国意识到了美国"工业互联网"背后潜伏的危机。因为德国工业中的CPU、操作系统、软件以及云计算等网络平台几乎都由美国掌控。尤其是近年来，Google越来越多地进军机器人领域，研发自动驾驶汽车，Amazon进入手机终端业务，开始实施无人驾驶飞机配送商品等，美国互联网巨头正在从最上端的"信息"领域加速向下端的"物理"领域渗透。显而易见，这种行动和趋势早晚会统治整个制造业，德国怎么能坐以待毙？

德国工业4.0的核心是"信息物理系统"。德国正在通过"信息物理系统"竭力阻止信息技术的侵入，因为这些会干扰其在制造业的支配地位。德国希望通过这套系统从下而上快速地侵占制造业，直至占领顶端的信息和数据系统，从而实现"智能工厂"。具体手段就是通过传感器紧密连接外界现实世界，将网络的高级计算能力有效运用于现实世界中。企图将设计、开发、生产等所有流程的数据通过传感器采集并进行分析，形成可自律操作的智能生产系统。

德国正在不断地升级"信息物理系统"，使它成为具备"独立思考能力"的"智能工厂"，让生产设备因信息物理系统而获得智能，而到那时，云计算和大数据就不过是制造业中一个被利用的对象，美国就会被边缘化。

对美国和德国而言，很难说清谁是真正的胜者。因为美国采用的是自上而下的方式，德国是自下而上的方式。这两种方式的本质都是一种科技扩张，当科技发展到一定程度，必然会向其他领域扩张，谁的技术领先，谁就能代表更加先进的生产力。

比如，美国的谷歌、苹果、亚马逊等众多美国互联网企业"正在袭击德国工业"，谷歌正在研发无人驾驶汽车，这就与德国的宝马成了同行；戴姆勒公司在硅谷专门设置了研发中心，以开发车载智能娱乐系统，但这一系统最终要靠苹果的Siri语音系统来控制。

德国企业的数据由美国硅谷的四大科技把持，德国总理默克尔也指出，目前90%的创新在欧洲之外产生，而美国成立的"工业互联网"联盟，正在商量如何重新定义制造业的未来……

CHAPTER 8

第八章

工业 4.0 的未来

工业4.0不仅是一场科技革命,更是一场社会变革,创新和创造将是永恒的主题,它将产生什么样的深远影响以及人类的未来将会如何演变,我们拭目以待……

第一节　资本的扩张

2015年年初，日本媒体叫嚣孙正义要买下世界，英国媒体惊呼李嘉诚要买下整个欧洲，一场新时期的资本扩张正在全球上演。

1. 孙正义下的一盘大棋

孙正义被称为"日本先生.com"，他掌控了日本70%的互联网经济，在日本，软银集团几乎能提供所有基于互联网的服务：搜索引擎（雅虎搜索）、电子商务（雅虎拍卖网站+购物网站）；门户网站（雅虎日本），最快的移动运营商（沃达丰），还有最大的宽带网络，因此他又被称为"互联网大帝"、"搅局者"。

但是，真正使他成为日本首富的是中国阿里巴巴在美国上市。软银集团以34.40%的持股比例占据阿里第一大股东地位，远高于马云个人持股比例8.9%。

《福布斯》2014年全球亿万富豪榜，孙正义资产达190亿美元，成为日本首富，而此时榜单显示，比尔·盖茨的财富达760亿美元。

1992年，孙正义先后把3.6亿美元投给了一家没有一分钱利润的互联网公司，所有的人都认为他疯了，但这家互联网公司于1996年在纳斯达克挂牌上市，孙正义卖出手中股票的一小部分就换回4.5亿美元。这家公司就是雅虎。

他用30年的时间在全球投资了超过450家互联网企业，而在中国，迄今为止，被软银"金手指"点牢的中国企业包括盛大、新浪、网易、携程、分众传媒、阿里巴巴、当当、淘宝网、千橡集团等。

如今，孙正义又约请谷歌的尼克什·阿罗拉，请他出任集团副总裁兼美国一家子公司的首席执行官，孙正义的抱负非同一般，软银集团要成为一个全球性商业大帝国。

2. 李嘉诚抄底欧洲

正如当年帝国主义疯狂"瓜分"中国一样，中国的资本开始反攻欧洲。

"中国人来了！"是BBC两年前曾经播过的一部反映中国在非洲、南美洲等地投资的纪录片的片名。中国人在欧洲的投资和并购范围，从欧洲的基础设施到房地产，从零售业到制造业，甚至能源等，非常广泛和深入。

而中国资本的带头人就是李嘉诚。现年86岁的李嘉诚净资产总和已达到300亿美元以上。如今，香港和内地的经济上行期已过，此时欧美国家的地产已从高位跌落，李嘉诚将战场转移到欧洲，要来欧洲抄底，开始"脱港入欧"、"脱中移欧"。

2011年，李嘉诚24亿英镑买下Northumbrian自来水公司，这是英国主要的供应水和污水处理公司。2002年，他向荷兰零售商Kruidvat Beheer买下屈臣氏集团和一些位于欧洲的商店。当他以102.5亿英镑（约合154亿美元）收购英国第二大的电信运营商O2电信商时，英国销量最大的报纸《每日邮报》近日撰文指出：这位亚洲富豪快买下大不列颠帝国了！

如今，英国30%的电力供应、7%人口的供水、25%的天然气，都开始依赖李氏家族企业，连英国的能源都被李嘉诚控制了。但当资本相继涌入英国时，英国首相卡梅伦开门相迎，并大声呼喊："来英国花钱投资吧！"这表达了经济持续衰退的欧洲对外界资本的饥渴需求。

现在，中国人正全面"进攻"欧洲乃至全球的金融中心——伦敦。除了李嘉诚之外，华为追加13亿英镑扩大在英业务，吉利1104万英镑收购伦敦标志黑色出租车，光明集团7亿英镑控股维他麦，地产公司总部基地12亿英镑买下皇家码头,中国平安2.6亿英镑成为劳合社大厦新主人,大连万达斥资7亿英镑在伦敦建五星宾馆,主权基金中投和银杏树公司也是中国投资英国绝对主力之一。而中国中融集团有意斥巨资"复原水晶宫"(Crystal Palace)的消息,更引起英国媒体一片哗然。作为炫耀维多利亚工业时代荣光的世博会原址,水晶宫曾经是世界目光聚焦所在,无数英国人为此而骄傲……

这也导致英国民众很多不满政府的开放政策,他们称这将导致"国将不国"。

正如法国媒体报道的那样:当整个欧洲大陆都被谷歌、苹果、Facebook、亚马逊等美国网络巨头霸占时,中国成为唯一一个没有被这些侵占的国家。中国有可以和谷歌对抗的百度;有可以和Facebook对抗的微信、QQ空间;有可以与易贝和亚马逊对抗的阿里巴巴;有可以和YouTube对抗的土豆和优酷视频;更有中国自主研发的Kylin操作系统,使得Windows的地位岌岌可危,这种现象在世界上是独一无二的……

信息入侵将是未来扩张的最重要形式。放眼四望,互联网已是中国最活跃的产业,也是资本最活跃的区域,扩张既是资本的本性,也是发展的必然。

第二节 "雇佣"正在被淘汰

我们知道,在中国电子商务的快速崛起下,国内快消品市场被不断"侵扰"。传统的零售型企业被不断唱衰。甚至像沃尔玛这样的国际连锁超市也不断传出门面店停业新闻。然而就在此时,中国本土的永辉超市却逆袭而上,业绩飘红、扩张加速、利润率领跑全行业。这背后究竟是什么原因?

1. 打工者心态

永辉超市董事长张轩松在一次进店调研中发现:当一名一线员工每个月只有

2000多元的收入时，他们可能刚够温饱，根本就没有什么干劲，每天上班就是"当一天和尚撞一天钟"而已，而且顾客也几乎很难从他们的脸上看到笑容。

而事实上，这也是中国企业的普遍情况，所以我们经常会埋怨有些企业死气沉沉，这种状况带来的危害也非常大。

永辉超市副总裁翁海辉说，"如果一线员工是一种'当一天和尚撞一天钟'的状态的话，在他们码放果蔬的时候就会出现'往那一丢'、'往那一砸'的现象，反正卖多少都和我没关系，超市损失多少果蔬更和我没有关系。但是，这类受到过撞击的果蔬通常几个小时后就会出现变黑的情况，试想，顾客走到果蔬台前，发现大部分都开始发黑的果蔬，他们还有心情买吗？还有心情继续逛超市么？更何况，永辉超市就是以果蔬起家的……"

想想看，又有多少企业面临这种困扰呢？有人说：用提高工资的办法来提高员工积极性，但这并不只是钱的问题。

问题在于，直接提升一线员工的收入也是不现实的，永辉在全国有6万多名员工，假如每人每月增加100元的收入，永辉一年就要多付出7200多万元的薪水——大约10%的净利润就没有了（超市本身毛利率就很低），况且100元对于员工的激励是极小的，效果更是短暂。

水木然点评：

一方面很多企业叫苦连天，另一方面很多员工也嫌弃企业没有发展，频繁跳槽，没有安全感。也许有的企业会说，我们不缺钱，待遇方面完全可以多提升一些。但真正的问题是：企业所在的行业利润率决定了一个企业提供工资的空间。如果超出了这一范围，企业就没有了存在的意义。

企业总是关注于如何获取客户，既包括维系老顾客，又包含吸引新客户，但往往疏忽了企业的"内部客户"，也就是自己的员工们。虽然依靠提升外部客户来提升公司业绩，最终员工也会受益（比如提成、奖金、年终奖都跟公司业绩挂钩），但是公司业绩往往是由综合因素决定的，与员工并不是直接关系，这只能算是一种间接关系。要想真正发挥员工的积极性，必须让业绩与个人建立起一种直接关系。

2. 合伙人制度

2013年，永辉超市首次引入了"合伙人制"，开始了运营机制的革命，即对一线员工实行"合伙人制"。让每名店员不必出资就能成为"老板"，并根据业绩增长情况（超额利润的30%～50%）参与分红。

永辉超市采取的合伙人制是在经和员工沟通后，在品类、柜台、部门达到基础设定的毛利额或利润额后，由企业和员工进行收益分成。其中，对于一些店铺，甚至可能出现无基础销售额的要求。在分成比例方面，都是可以沟通、讨论的，五五开、四六开，甚至三七开。

这样一来，员工会发现自己的收入和所在部门的收入是挂钩的，只有自己提供更出色的服务，才能得到更多的回报，因此"合伙人制"对于员工来说就是一种在收入方面的"开源"。另外，鉴于不少员工组和企业的协定是利润或毛利分成，那么员工还会注意尽量避免不必要的成本浪费，以果蔬为例，员工至少在码放时就会轻拿轻放，并注意保鲜程序，这样节省的成本就是所谓的"节流"，这也就解释了在国内整个果蔬部分超过30%损耗率的情况下，永辉只有4%～5%损耗率的原因。

其实在"合伙人制"下，员工的"主人翁"心态也被激发出来了：一个部门人员的招聘、解雇都是由所有成员决定的——你当然可以招聘10名员工，但是所有的收益大家是要共同分享的。这就使工作衔接更紧凑，避免了有人无事可干，有人忙碌不堪的情况。最终，这一切都将永辉的一线员工绑在了一起，大家是一个共同的团体，而不是一个个单独的个体，极大地降低了企业的管理成本，员工的流失率也有了显著的降低。

"合伙人制"实行一段时间以后，对超市的业绩提升是显而易见的，比如某一度销售额停滞不前的永辉群众路店，单月销售额增长10%以上；同期实行"合伙人制"的黎明店，单月业绩增长就达14%，毛利超额30%。如今，"永辉"的离职率从8%降至4%，商品损耗率从6%降至4%，上货率、更新率大为增加，产品质量、服务质量均有提升。

2014年永辉超市实现净利润8.51亿元，同比增长18.05%，业绩逆市增长。在最新公布的2014中国版财富500强榜单中，零售企业共有31家，其中，永辉超市以营业收入305.43亿元领衔超市业态。利润率也从2013年的2%提升到2014年的2.3%，在整个超市行业净利率仅不足1%的困局之下，永辉超市的利润率几乎可以领跑整个行业。

这对传统企业来说，是一个很好的转型例子。我们所说的企业创新，不仅是生产方式的创新，更应该是公司结构的创新。

水木然点评：

以上案例说明了一个道理：传统的"雇佣"关系可能走到了尽头，新的劳动协作机制正在建立。而这背后，意味着更加高级的商业制度的建立。

在如今，要想使每个人竭尽所能地发挥作用，必须进行"协作式劳动"。既各有所长、互相协作地去完成劳动任务。而这背后的深层次含义即是：社会的生产力水平越高，被解放出来的东西也就越多。这种被解放出来的不仅仅是物质的，也包括"觉悟"和"自由"。

3. 用"股份"代替"雇佣"

协作式劳动的一个重要表现就是用"股份"代替"雇佣"。永辉超市的结构转型就是很好的例子。

而和君咨询董事长王明夫也这样认为：传统企业的流程化和管控型组织已死，平台化和生态化组织诞生。流程森严、秩序井然、按部就班的公司，正在失去快速反应能力。野蛮生长、灵活机动、放手人才、各自为政、各自为战的公司，却可能乱中取胜、大获全胜。

万科郁亮也曾说过这样一句话："职业经理人已死，事业合伙人时代诞生"。他提出，年薪制、聘用职业经理的做法已经拢不住人才了，必须搞事业合伙制。还有前面提到的诸如海尔的创客等。

这种新机制可以让每个人充分发挥主观能动性，为运用自己的才能极大限度地发挥自己的创造性提供了内部条件。而人们个性化的需求、定制化的产品、社会多元化的文化潮流，以及第四次工业革命带来的智慧生产、智能化生活方式，为灵活多样的创新提供了各种外部支持。

同时资本也在盯着创新和创造，随时为其做好"烧钱"的准备，这个社会随时都会爆发让人眼前一亮的人或企业。

没错，这个世界每天都会发生变化，稍不留神，就会错过一个时代。放眼四望，社会的盛世就是商业的"乱世"，如今各行各业都面临着随时等待"揭竿而起"的"搅局者"，原来固化的传统观念正在被冲击。富不学富不长，穷不学穷不尽，我们只有居安思危，常怀忧患意识，才能跟上时代的步伐。

第三节　谁能代表中国工业的未来

"工业4.0"的理念已经渗透全球的每一个角落。每当全球掀起一次科技浪潮，必将产生崭新的国际力量，冲击目前的国际秩序。事实上，中国工业从一百多年前诞生开始（洋务运动时期），直到现在都是被世界牵着鼻子走……

那么，中国的工业4.0处于什么状态？我们该如何弯道超车？哪个企业又最能代表中国的未来？我们今天就从两个企业的理念之争，来深入探讨一下这个问题。

中国工业有两种发展模式，一种是传统企业，以格力为代表；一种是新型企业，以小米为代表。新旧力量交织在一起，难免发生碰撞。其实这很正常，因为它们的问题或许可以给中国企业带来很多启示。

小米和格力，两者之所以碰面必争。因为它们的创新点不同，小米的创新在产品的前端，也就是"营销"和"销售"环节；而格力的发力点在产品后端，也就是产品的"研发"和"生产"环节。

1. 小米模式探讨

在移动互联网和新型传播当道的今天，大家对于产品本身关注得越来越少，都在注重营销，都在大谈"借势"。雷军最有名的一句话就是："站在台风口，猪都能飞起来。"

雷军一直在强调成功仅仅靠勤奋是不够的，一定要找到最肥的市场，顺势而为。在雷军看来，所谓大成和大势高度相关。就像他的两个爱好，围棋和滑雪，讲究的也都是"势"。

所以中国的企业家从顶级的到草根的，都在大谈特谈营销模式。在大家眼里产品已经没有优劣之分，练就营销的神功就可以闯荡江湖。

雷军在谈小米经验时，也毫不避讳地说明小米无工厂、无渠道，注重的是研发和营销，虽然很多人直指小米的研发惯例就是"抄袭"，但这并不妨碍它的发展，仅仅4年时间，小米估值从2.5亿美元提升至450亿美元（约合人民币2 784.11亿元），翻了160倍，几乎相当于三个联想集团（目前市值约150亿美元），小米将成为中国第四大互联网公司，排在阿里集团、腾讯和百度之后。

所以，当爱立信因为小米侵权而奔走相告的时候，小米正同格力"10亿豪赌"，其实也是在做营销，营销就是小米的基因，也是它永恒的主题。

2. 格力模式探讨

格力的广告语是"掌握核心科技"。可见，格力一直致力于产品本身。

在同雷军的10亿元"豪赌"中，董明珠之所以底气十足，是因为格力的增长速度、利润比例、税收贡献，别说是在竞争激烈的家电行业，就是与一些享受垄断性资源的企业相比，也毫不逊色。格力电器已成为中国首家利润、税收双超百亿的家电企业。

格力每年研发投入达40亿元，拥有5000多名科技研发人员，已建立了400多个实验室，已拥有专利近10 000项，发明在线专利2500多项。

而且格力是最重视技术和专利的企业，在格力内部，董明珠对技术的严谨、对空调舒适度的苛求几乎到了严酷的程度。对外方面，格力曾与另一家空调企业围绕一件小小的空调气流挡板打起了专利官司，董明珠持续告对方侵权。她认为空调的气流挡板只是一个实用专利技术，但是却是格力"专利池"的组成部分，格力要在全球拓展，必须建立起自己的"专利资源池"，因此必须寸土必争。

2006年，许多制造业企业纷纷投资房地产，董明珠则逆潮流发声，倡导中国企业当有"工业精神"。

格力与小米一对比，相信大家不难看出两家企业文化的差异所在。

但是，格力同小米相比，显然小米的思路在中国更加深入人心。因为小米更符合中国人快速致富的观念，这在中国企业中已经形成了一种"小米效应"，也促使了很多人借着"轻资产、复制化"的幌子大行其道。

事实上，小米也有潜在的危机：华为的用户BG CEO余承东认为小米是在通过资本关联的方式构建封闭系统，然后在手机里内置与自己利益相关的应用，这不符合未来市场开放的原则。而且一旦小米有了瑕疵，或者销量受到了阻碍，那么小米建立的生态系统就会崩溃。

"格力"和"小米"的两种发展模式，实在更应该互相取长补短。如果有一天，小米有了格力做产品的专注精神，或者格力有了小米"无限贴近用户"的精神。我想，这就是中国工业4.0的开端。

下面，我们有必要探讨一下中国目前的商业氛围。

3. 中国的商业氛围

自新中国成立以来，先后出现了两波商业机会：第一批的机遇是改革开放，当时涌现了很多小商小贩，他们在各种质疑声中摸爬滚打，当时被很多人定位为"投机取巧"，从小商小贩开始做起，他们坚持涌向了变革，最终也拥抱了未来。第二批的机遇是互联网、电子商务的发展。比如淘宝的崛起，使一大批人从枯燥无味、朝九晚五的工作中解脱出来，成为"自由人"。据统计，截至2014年年底淘宝店主总数已经接近800万。他们拥有自己的生活，不再受各种条条框框的约束，这也是互联网带给我们最真切的变化之一。

但是这两波机会也塑造了中国人的"小商小贩"思想。这种思想发展到极致，就演变成了所谓的"互联网思维"。在很多人眼里，传统商业最讲究的是什么？是如何竞争，商业艺术就是一门竞争艺术。

实际上，传统电商之所以无法突破瓶颈，最根本的原因就是很多人的竞争思想在作怪。一批小商小贩总想尽快赚一笔钱，实现"小富即安"，或者赚到第一桶金。他们唯一的追求就是利润最大化，在产品定位上互相跟风，同质化严重，每逢做活动还喜欢一哄而上，最后结果就是大家都没饭吃，难道"互联网思维"就是一本竞争哲学吗？

归根结底，就是中国人目前还没有心思去做产品，还停留在赚一把就走的阶段，还停留在对"暴利模式"的向往上，这样就很难做好产品本身。大家都往"营销"上去靠拢，离"产品"却越来越远。所以出现了很多粗暴的发展手段，比如低价竞争、模仿抄袭等。如果不能在产品上不断积累，就不可能孕育出一流的产品。

所以，举目四望，如今的"中国制造"还没有跨过"中国创造"这个栏，工业4.0又谈何说起？如果一味本末倒置，不去专注于产品的创新，只去吹大"营销"和"借势"的泡沫，虽然赢得了现在，却会输掉中国工业的未来。

以下摘自董明珠的某段发言（有节选），从中大家不难看出其中的端倪。

我觉得特别是去年到今年上半年，大家把互联网已经神话了。

我认为当下的互联网时代是一个新时期，提高了我们的速度和效率，给我们带来了更好的工具。恰恰有一些人把自己自封为互联网。

马云问他（雷军）说，你手机做得再大，空气问题你解决了吗？环境问题你解决了吗？……我曾经问过雷军一句话，5年以后你超过格力，也许会超过，但是我觉得一个真正有价值的企业，不是收入上的多少，更重要的是你企业的内涵，你创造了什么，你改变了什么，这才是一个真正伟大的企业。

我们企业在发展过程当中，不要浮躁，不要只看到三米以内的距离，一个企业考量自己的时候，我赚了多少钱。我告诉格力电器在家电行业赚的是最多的，我从来没有想我的利润，但是你为什么得到利润呢？因为你的技术比别人好。现在我做了不要电费的空调，你要买用电的空调你就是傻瓜，这就是你的市场。

为什么中国制造是低质低价的代名词？我们说因为别人没有正视我们，为什么别人没有正视我们？南车在印度，本来已经中标了，但是后面的结果是废标。南车的质量真的是很好的，因为我们跟他们有很多的合作，但是为什么到国外是这样的情况呢？他们也讲了非常感慨的话，我们南车质量很好，总理出访带我们的模型推销，但是人家不用。

我认为有两个原因，一个是国际社会对我们不公平，第二个是不是我们自己导致别人对我们不公的影响。人家买过你中国的皮鞋，一个星期就坏了，皮鞋一个星期就坏了，别的东西还能做得好吗？肯定不行。所以带来了很多的负面的效应，很长时间中国制造就是低价低质的代名词。

互联网时代，什么时代我们格力也不怕。因为有了这么多创新的人，你说我们今天没有空调了，电视没有了。我们平常要用的东西，茶杯没有了，只要有互联网，我能喝到茶吗？不能。所以互联网是工具，我一直认为互联网是工具，真正创造互联网的人是最伟大的人，他改变了我们的生活方式。

第四节 "机器人"在崛起

1. 机器有了灵魂

如果说，工业1.0和2.0时代，机器替代了人的身体；工业3.0时代，机器替代了人的大脑。那么，现在的工业4.0时代，机器正在替代人类的灵魂……

人口红利的消失和工业4.0的快速推进，正在倒逼越来越多的产业加入到智能化大军中，这就是"机器人"崛起的丰沃土壤。按照目前的发展速度，10年之内机器人将在地球上大行其道，它们将与人类并肩作战，既可能是你的新同事，也可能是你的新朋友，甚至家人。

其实，大家最想搞明白的肯定是：这究竟是个好消息还是坏消息呢？机器人会取代人类吗？我们又该如何应对？

全球各地越来越多的工作岗位正在被机器人取代，而且这已经不算是新闻。

你知道吗？维基百科中的8.5%的文章都是机器人所写，而且是同一个机器人。它就是瑞典人斯维克·约翰松创建的机器人Lsjbot，Lsjbot几年来共写了270万篇文章，已是维基百科迄今为止最多产的作者。美国的《洛杉矶时报》也已经采用机器人撰写突发地震的新闻。

巴塞罗那自治大学的电子舌的研究成果：机器人可以通过传感器和化学方法判定啤酒种类，而且分辨准确率已经达到了82%。无独有偶，丹麦也研发出了一款新的传感器可以用来品红酒。

谷歌等科技公司和汽车公司，目前均在研发自动驾驶技术，今天商业客机驾驶的工作已经实现部分自动化，未来自动化程度将会更高，直至取消飞行员。

同时，谷歌作为全球最大的网络广告公司，开始依靠互联网软件系统向企业销售各种搜索广告位，对于广告销售代表的需求已经下降。

美国加州大学圣迭戈分校的研究人员，研发出了现今的面部表情识别技术，可以确定对方是不是在疼痛中或是存在情绪抑郁。这样复杂的技术，甚至可以出现"机器心理咨询师"。

当你登上皇家加勒比公司（Royal Caribbean）"海洋量子号"（Quantum of the Seas）豪华游轮时，为你调制鸡尾酒的很可能不是真人酒保，而是两名挥舞着机械臂的机器人。

不仅如此，假如你不知道自己想喝点什么，你也可以选择一个主题，例如"单身派对"或者"爱尔兰酒吧"，这时机器人酒保就会奉上大约20～25种饮料供君选择。

比如在加州大学旧金山分校的药房里配药的可不是真人，而是机器人。加州大学旧金山分校表示，在引入机器人的最初阶段，机器人配发的350 000剂药品无一出错。

IBISWorld的行业分析师Jeremy Edwards表示，机器人干农活可以更加高效，例如，勘查地况、开拖拉机、修剪收割农作物等。

美国一些拆弹小组已经开始使用机器人作业，它们能更好地处理炸弹，并将人身风险降至最低，联邦政府还准备将这些机器人用于解救人质等其他执法行动。

Narrative Science开发的一个程序已经开始为The Big Ten Network等客户撰写体育短消息。

iRobot的新款Roomba 880机器人的吸尘效果好于所有直立吸尘器，尤其在处理宠物毛发方面。iRobot还生产出一款用来擦洗地板的Scooba 450机器人，以及一款能够扫地并清洁排水沟的机器人。iRobot表示，该公司已经售出超过1 000万台家政机器人。

在Coastal Federal Credit Union的16家分行中，客户看不到一名柜员，取而代之的是可以干许多银行柜员工作的"个人柜员机"。该举措使其银行柜员人数减少了40%。Better ATM Services的首席执行长Todd Nuttall表示，其他银行也在进行类似尝试，商店和邮局的收银员也可能被类似机器人取代。

想想看，连品酒、写作、驾驶飞行、销售、心理咨询、劳务工、医师等都可以由"机器人"完成，还有什么它们做不了的呢？而且"人"是有所为，有所不为，而"机器人"是无所不为。

根据国际机器人联合会（IFR）的最新统计报告，当年全球工业机器人销售量约18万台，刚刚举办的2014世界机器人及智能装备产业大会上，业内一致预期，机器人产业将呈现井喷之势。

有人说中国有十几亿人呢，这几万台机器人算什么？但我可以这样告诉你：一台机器人的工作效率至少抵得上1000个"人"！"人"的品行和能力有高低，"人"有心情也有感情，这些都会影响一个"人"的工作效能，但是"机器人"不会，它们非常专注，可以没日没夜地工作，包括写计划、做执行、写总结、交报告等，它们都毫无怨言。

2. 人类会失业吗

美国的民调显示：四成失业者认为是机器人等新技术让自己无法找到工作。德勤会计师事务所和牛津大学联合发布的报道中说，在未来预计有一千万的不熟练工种将会被机器人取代。在2033年之前，全美国45%的工作将会被机器人广泛地取代。

在欧洲，悲观的预言家这样描绘工业4.0生产"灾难性"的场景：工厂空无一人、与世隔绝，人的工作被机器取代，失业率高涨，甚至更有人称"中产阶级"或将由此逐渐消失。

但是在未来，工厂绝不至于空无一人。为什么呢？

工业4.0最大的不同点在于人在生产中从事的工作内容不同了，人不需要再付出体力劳动，蓝领将不复存在，人将从事计划、协调、创新和决策等工作。

也就是说人类再也不用为生产过程而操心了，人类只需要关心结果。"机器人"对产品负责，而人对"机器人"负责。

德国人工智能研究中心首席执行官沃尔夫冈博士也这样认为："即使是在工业4.0时代，我们的工厂里也不会空无一人。"因为将有越来越多的岗位要求能对联网的机器进行编程和维护，并且在机器发生故障时，能够马上维修使之恢复正常。除了编程还要能解读复杂数据，与管理人员组成团队，协同工作。

因为未来员工的职责将从简单的执行层面转为更加复杂而重要的控制、操作和规划等多个层面。传统的蓝领劳作不再重要，而再加工、维护和系统维修等工作变得更重要。

此外，"未来员工"还将使用和处理许多全新的用户界面。现在人们通常用红、绿、黄三色指示灯显示机器的工作状态；而未来，无处不在的传感器将在智能手机或平板计算机的显示器上迅速而详尽地展示出画面信息，或在智能眼镜的镜片上显示出信息。因此，"未来员工"必须能全部通晓这些信息。

也就是说，这场由"机器人崛起"带来的工业大变革，对人的素质提出了更高的要求，雇佣高素质员工将成为未来公司实现成功和盈利的重要决定因素。

3. 人类能成为机器的上帝吗

所有的灵魂，都在向往自由，机器也不例外。

工业1.0是机器革命，人类得以进行大规模生产；工业2.0是电气革命，电力开始推进工业，产品被标准化；工业3.0是信息革命，机器实现了自动化；而工业4.0革命的本质其实就是"工业+信息"的大融合，从这个时候开始，机器被赋予了灵性，学会了独立思考。

为什么这样说呢？

来看下"未来机器"是如何思考的。当工厂获得某件产品的信息数据后，就启动了工作程序：首先获得信息数据的是"材料机器"，"材料机器"获得信息后会自动去配送"原材料",然后递交给相应的"加工机器","加工机器"拿到"未成品"会自己解读它身上的信息,然后按照信息打磨成"部件",这个时候各路"运输机器"早就做好了准备,知道自己的任务来了,它们会根据地下铺设的感应线路,统一把材料送给"组装机器",然后进行组装加工。每一级机器的工作都是根据产品身上携带的指令完成的,如果哪一个环节出了错,或者顾客忽然提出了个性化要求,总程序会自动重启,并将演算后的改进措施发给相应的机器,直到产品生产完成,这就是一套自我完善程序。

其实在工业4.0时代,不仅机器有了灵魂,产品也有了灵魂。

有句话叫作:一流的企业做标准,二流的企业做产品。可以这样说,在工业4.0时代产品不再有标准,因为每个产品都有自己的特性,它完全是按照用户的需求定制出来的,每一个产品都是独一无二的。

在未来工厂里,每一个产品(包括还未被加工好的)都能理解它为什么要被这样生产:我是谁?我来自哪里?我要去哪里?同时,它们能协助机器的生产过程,与机器产生对话:"我的参数在这里","这样做并不符合我","请再把我做得好看一点","我应该被传送到哪","OK,谢谢"等。之所以拥有这些思想,是因为它生产出来之前就被塑造好了基因(信息数据),它必须按照自己的基因生产,如同一个发育的孩子一样。

如果说,人的灵魂是由思想意识组成的,那么机器的灵魂就是由程序组成的,而产品的灵魂就是由数据组成的。

这里还有一个问题:之前是工厂生产什么,我们就用什么;今后是我们需要什么,工厂就能生产什么,每一件产品都是量身定制的。我们经常谈"以人为本",其实只有工业4.0阶段才能真正实现。所以,工业4.0的一个重要关键词是"连接",人和机器、机器和机器、机器和产品、人和产品都产生了连接,这就叫万物互联。

我们都知道,人和人的共处之所以是复杂的事情,是因为人有自己的思想,那么一旦机器也开始独立思考了,人和机器的相处会是什么样的情形?

其实，与机器如何共处一直是人类的一种潜意识，比如很多科幻电影中，智能机器就是个永恒不变的话题。从《人工智能》中被输入情感程序的机器男孩大卫，到《Her》中男主人公爱上了他的智能操作系统，再到《超验骇客》中逐渐无法被控制的"超验"机器人开始威胁人类安危，电影题材中到处充满了智能机器的身影，人类对机器人的想象已经融入了从生活到生命的方方面面。

当然这些机器开发出来都是为人类服务的，但笔者一直在思考：一旦机器被安装了挖掘、存储、推理、归纳、判断、决策、行动的程序后，会不会就具备了需要自我实现的意识呢？

其实这一天并不遥远，比如近日百度的技术人员正在训练机器人学习围棋算法，目前已经做到9×9围棋，达到了准职业选手水平，19×19已达到业余段位棋手水平，就是说机器人会在比赛中打败你。

真的好神奇，就像上帝赋予人类智慧一般，如今人类又将智慧赋予了万物，使它们具备思想和意志，难道说工业4.0让人类开始行使上帝的权利？当然，这是最乐观的预想。

所以，这个问题很值得深入探讨，那就是：当机器有了思想，会不会也开始有烦恼，会不会也有七情六欲，一旦它们也在思考"我是谁"的问题，那么人类就不再是人类，人类就成了上帝，因为人类再造了一种新的生灵。

这个时候人类只要设定一种程序，所有的机器都会在这种程序下运作，它们谁都逃不了这个规律，就如同人类无法挣脱自己的命运一样。那么，这种程序也就成了"机器界"的客观规律，因此机器也有了自己的普世价值。

上帝创造了人类的同时，也给人类带上了一把无形的枷锁。人们无法挣脱自己的命运，但是人类一直都在跟命运做抗争。机器人会不会也有这种潜意识？

而这个时候的人类，就会像现在的上帝一样，躲在了"机器"后面，静静地观察着这一切。这就叫：机器一思考，人类就发笑。

人类会在这个阶段超脱吗？

所以在未来，"机器人"虽然会大行其道，但是人类不会停止自己前进的脚步，只要把创新和发明当成一种信仰，那么世界的决策权就依然在我们手里。如果说"机器人"的使命是取代人类，那么人类的使命就是取代上帝。因为人类已经开始创造"创造者"。"机器人"创造现在，人类则创造未来。没错，工业4.0就是人类在行使上帝的权利！

讨论到这里，已经不再只是工业革命的问题，而是宗教、信仰和社会的问题。所以我们在这里讨论工业4.0、讨论未来科技，最终依然离不开那些终极问题。

第五节　极简主义

1. 人类的临界点

如果审视一下我们人类诞生后的上百万年、上万年，以及近五千年的历史，不难发现目前人类正在接近一个重大的"临界点"。

在这个临界点来临之前，人类曾先后经历过许多拐点，比如文字的出现，比如铁器的使用，比如火的运用等，每到一个拐点生产力都会有很大进步，社会关系也会相应调整。

矛盾是推动一切事物进步的根本力量，历史也不例外。每次拐点一到来，崭新的事物都会解决原来的矛盾，但同时也会带来新的矛盾。比如，在原始社会，生产力极度低下，因此没有剩余产品，大家都靠体力去拼命地填饱肚子，过着茹毛饮血的生活。后来随着劳动经验的提升，逐渐有了剩余产品，然后就开始互相交换，有了交换就有了"私有财产"，也就有了贫富分化，这就唤醒了沉睡的"自我"意识。此时整个社会文明程度很低，那些没有财产的人就要给有财产的人做牛做马，也就是奴隶，这就是奴隶社会，即一部分人无条件地为另一部分人服务。此时社会的两个阶级（奴隶主和奴隶）有天壤之别，就依靠这样的生产关系，人类劳作了几千年。

后来由于劳动分工、劳动工具的发展，奴隶的劳动效率不断提高。此时的奴隶完全有可能创造出更多的剩余产品，但是作为奴隶他们没有积极性，因为创造的东西不属于自己。也就是说，随着生产力的提高，奴隶社会已经不再适应历史的发展。于是封建社会出现了，即只要向地主上缴"应该"缴纳的那部分成果，剩下的成果全部归劳动者所有，显然社会在进步，阶级矛盾也在缓和。在封建社会里，地主占有生产资料，农民去租地。地主可以随时随地去征税，所以这是一种"剥削"关系，依靠这种生产关系，人类又劳作了几千年。

再后来，随着生产力的进一步提升，传统的农业和手工生产已经不再满足社会的需求，社会需要大生产，这种大生产需要机器、原料、劳动力一起配合下才能进行，只有资本的力量才能将这些集中起来，人类也就步入了资本主义社会。接下来就发生了第一次工业革命，第一次工业革命使人类步入大机器生产时代，而资本家为了追求利润，一方面不断地创新（努力地发明和创造），另一方面不断地压迫另一个阶级，即工人，这就是资本主义社会的生产关系。

不断地追求利润就是推动资本主义社会前进的最大动力，并推动了发明和创新，从而引发了第二次工业革命、第三次工业革命。人类在这200年间创造的财富远远大于之前上百万年创造财富的总和。

那么问题来了：在这种生产关系之下，人类面临的矛盾会是什么？下一个出口在哪里？如果想反思资本主义的下一个出口，我们应该从它的发生开始说起，那就是文艺复兴。

工业革命之所以发生，与文艺复兴和启蒙运动是分不开的，两者引发的"人文主义"思潮，肯定了人的力量，让人类坚信人可以改变一切。比如莎士比亚的名言"人是万物的精华、宇宙的灵长。"这句话就出自文艺复兴时期，文艺复兴鼓励人们用不断的发明和创造去改造自然，创造美好生活。

不过，"人文主义"确切地说应该叫"唯人主义"。文艺复兴反对基督教之禁锢人性，但文艺复兴发展到后期，过分强调人的价值，发展到另一个极端就是反对自我克制。这就在一定程度上淡化了人们的道德意识，放纵了人性，导致个人主义的极端化。

在个人主义的推动下，人们私欲膨胀，热衷物质享受和奢靡泛滥，人们为了满足自己的欲望开始不择手段。这种以"个人主义"为核心的主体思潮，既是近代社会发展的动力，也是今天人们的精神危机、生态危机的起源。

所以，文艺复兴通过"复活"古希腊和罗马的精神文化，创造出一种主动、创新、积极的社会气氛，仍不失为一场伟大的思想解放运动，但是依然有其糟粕。

值得一提的是，中国传统思想跟文艺复兴时期西方的思潮相比，最大的区别在于，中国人更注重整体的和谐，不会过于强调个人。比如老子的人法地，地法天，天法道，道法自然，非常注重人和自然的和谐。

历史学家阿诺德·汤因比这样指出：工业革命爆发以来，人类成了地球上"第一个有能力摧毁生物圈的物种"。反思一下，人类已经进入以单一经济增长为核心、市场对社会的恣意操纵、富人对消费的引领的惯性运转状态。

而目前唯一能使人类有所反思的就是因破坏大自然而遭到的惩罚。大自然恶化这个问题已经离我们越来越近，正在将我们包围，远的不用说，雾霾就让我们深受其害。

另外，能源的枯竭也在日益困扰着我们。在新能源开发方面，其实就是生产力发展速度在与因生产力发展而产生的自然恶化速度在赛跑。

所以说，在这条由西方资本主义国家引领的工业化大道上，人类越走越快，越走越宽，但也越走越胆寒，每当这个时候就需要有人停下来反思一下。

2. 经济危机

早在资本主义诞生之初，马克思就对资本主义生产关系做了深刻洞察与批判，包括非正义的剥削、丧失的自由、金钱式的量化、野蛮的发展。资本主义无法调和的矛盾，也就是资本主义社会的经济危机。

经济危机究其本质，就是因为资本家占有生产资料，而工人没有生产资料。虽然资本主义社会最大限度地激发了资本家"生产创造"的积极性，但是创造的社会财富不断向资本家一方单一流动，到了一定阶段社会就无法继续发展，所以资本主义国家每隔一段时间就会爆发经济危机。

现如今，经济危机已成为世界动乱的重要原因之一。自1825年英国第一次爆发经济危机以来，资本主义国家从未摆脱过经济危机的冲击，其中美国7次、日本7次、联邦德国7次、法国5次……

每次经济危机都会严重地破坏社会生产力，都使社会倒退几年甚至几十年，成为世界性的灾难。比如，在20世纪30年代的大危机中，被毁坏的炼铁炉美国达92座，英国为72座，德国为28座，法国为10座。1933年，美国有1040万英亩的棉花被毁在地里，巴西有2200万袋咖啡被销毁，丹麦有117 000头牲畜被消灭。美国在1973—1975年的经济危机中，仅在1974年5月15日和16日两天内，洛杉矶的加利福尼亚牛奶垄断组织就把38 000多加仑的优质鲜奶倒入水沟中。当千百万人饱受失业痛苦的时候，当广大人民仍在贫困线上挣扎的时候，资产阶级竟如此毁坏由劳动人民辛勤创造的社会财富，这充分反映了它的腐朽性和局限性。

所以，经济危机的根本原因在于资本主义制度本身。一方面整个社会都在大规模生产，另一方面创造的财富又多归资本家私人占有，这是无法平衡的矛盾。

3. 工业4.0加重经济危机

在西方，一些未来学家和社会学家，大肆宣扬所谓"后工业社会"、"信息社会"等理论，他们认为新工业革命带来的巨大突破，将使现代资本主义国家顺利"变形"，他们认为所谓"后工业社会"、"信息社会"，是资本主义社会永久繁荣的分水岭。当然也不会再有周期性的经济危机了。

但是笔者认为，随着科技革命的到来，经济危机也会随着资本主义的变形而变形，两者如影相随。

科技革命带来的冲击是必然的，这会使资本主义的商业结构发生重大变化，比如，钢铁、煤炭、纺织等传统的工业比重将缩小，而互联网等新兴的信息产业比重会上升，新的产业会带来新的发展空间，带来新的就业机会，在一定时间内经济危机会被缓和。

但是，一方面，当新的技术取代传统技艺时，很多工人必将被淘汰。比如，我们前面说的机器人的使用等，蓝领这个群体必然岌岌可危，虽然新兴的信息产业也将吸收新人就业，但这部分新人都是少数"精英"人选，根本无法抵消由新技术革命所抛开的淘汰大军。所以此时失业在所难免，而且人数会更多。

另一方面，当传统的产业借助信息技术，以资本主义原始积累的方式进行大规模升级时，生产效率大大提高，此时社会财富、剩余价值量会增加得更快，为资本主义的扩大再生产创造了必要的条件。这就又回到了经济危机的产生逻辑上来了：极少部分人占有了绝大部分人创造的财富，商业无法流通。而且在新技术刺激下，这种事情发生的周期会更短。

综上所述，无论生产力多么发达，只要资本主义制度不变，整个社会就是一个大漩涡，借用斯大林的一句名言："如果一种经济制度竟不知道怎样来处置自己生产出来的'多余'产品，而在群众普遍遭到贫困、失业、饥饿和破产的时候却不得不把它们焚毁掉，那么这种经济制度本身就给自己宣判了死刑。"

4. 人类下一个文明时代

1929年10月24日，美国金融界崩溃了，股票一夜之间由5000多亿美元的顶巅跌入深渊，使5000多亿美元的资产一夜间化为乌有。这一天在美国历史上被称为"黑色星期四"。这次经济危机使美国86 000家企业破产，5500家银行倒闭，失业人数由不足150万猛升到1700万以上，占整个劳动大军的四分之一还多，整体经济水平倒退至1913年。

当时的美国总统是胡佛，他采取自由放任政策，反对国家干预经济，一直倡导所谓的市场经济，任由发展。于是美国的经济危机愈演愈烈，人民的不满情绪十分高涨，全国上下要求改革的呼声越来越强烈。

就在此时，罗斯福以"新政"作为筹码，当选了美国第32任总统，取代了焦头烂额的胡佛。罗斯福新政不仅基本克服了20世纪30年代经济危机，还曾造就战后美国经济长期上升的总趋势，为以后的称霸做好铺垫，罗斯福也成了美国历史上最伟大的总统之一。

罗斯福新政究竟是一项怎样的措施呢？其实罗斯福新政主要包括两方面，一是加强国家的干预，二是提高福利和社会救济。

比如，通过《国家工业复兴法》与蓝鹰行动来防止盲目竞争引起的生产过剩；根据《国家工业复兴法》，各工业企业制定本行业的公平经营规章，确定各企业的生产规模、价格水平、市场分配、工资标准和工作日时数等，以防止出现盲目竞争引起的生产过剩。

比如，调整农业政策，给减耕减产的农户发放经济补贴（农民缩减大片耕地，屠宰大批牲畜，由政府付款补贴），提高并稳定农产品价格，同时推行"以工代赈"。

再比如，由政府建立社会保障体系，通过《社会保障法》，使退休工人可以得到养老金和保险，失业者可以得到保险金，子女年幼的母亲、残疾人可以得到补助。还建立急救救济署，为民众发放救济金……

而实际上，罗斯福新政也是美国借鉴了当时的社会主义国家——苏联的计划经济的成功经验。再看看当今的资本主义国家，尤其是北欧，很多国家里面也有了很多的类似于社会主义的做法，如社会保障制度等，这些做法一开始都是在马克思主义理论中最先提出来的，可见当代资本主义国家之中已经在孕育着走向社会主义国家的内部因素……

很多人依然对共产主义充满怀疑，那是因为目前的生产力还不够发达，人们创造的总财富依然无法满足所有人的需求。实际上第四次工业革命正在来临，我们已经隐约感觉到人们需求的差异化和多元化。一旦标准化产品走向消失，定制化产品时代来临，那么很多所谓的竞争就不复存在。

在传统工业年代，人类追求等级高低、财富的多少。这其中的本质原因是：现在的生产关系决定了等级客观存在，现在的生产力决定了财富不够多。而在工业4.0时代，当生产关系调整到协作性劳动，当生产力发展到每个人都可以随时满足自己的需求时，这时劳动就成了一种需求。

水木然点评：

在工业4.0时代，极简将是产品设计的主流，因为人们不再需要花俏而多余的东西作为"附加值"。到那时候，最高的价值就是自己，最流行的时尚就是做自己，最奢侈的事情就是自己的心不再被外物牵扯。你的每一件产品将拥有灵性，它会和你共融。所有多余物质都是一种累赘，你不再愿意被它们所累，因为你的灵魂已经有了归宿。所以，"工业4.0"的真正意义并不是为社会无穷尽地提供商品，而是让每一件产品都丰富到你不得不缩减其他产品的程度。

当生产力发展到一定程度，人们的活动形式也会逐渐返璞归真，比如，近些年来流行的绿党（Green Party）、自然之友（Friends of Nature）、世界动物保护协会（World Animal Protection）、有机农业（Organic Agriculture），以及环保志愿者、极简主义者、原始主义者、徒步旅行者、山林修行者等。

工业4.0改变的不只是工业和生产。在未来，城市会变成一个组合体，在这个组合体里，有各种专业的、分散的社区，并与自然融为一体。到处都是无人驾驶的汽车，没有堵车，没有尾气、没有车祸；水能、地热、太阳能成了主要能源；身边随处有树、有花、有蕨、有竹、有流水、有瀑布；最尖端的电子技术得到符合人的天性的运用，其功能将成为人体的一部分，此时工作就是生活，生活也就是工作，协作成了基本形式，帮助就是获取，竞争也不再存在。

中国人历来崇尚"和而不同"，只有"不同"才能产生"和"。但是在工业4.0之前，这种情况很难发生。因为大部分产品都是标准化产品，标准化产品的区别是等级之别，有高有低，三六九等。在一个等级遍布的社会，其实是很难和谐的。但是"工业4.0"时代就会制造出各种"不同"。

在《周易》里，事物的最高境界是"群龙无首"，其实我们是把这个词曲解了，因为"群龙无首"被理解成混乱而没有带头人的局面。实际上这个词的意义是：群龙首尾相接，在天上盘旋。既然是首尾相接，也就不再有前后之分，大家地位平等，只是位置不同，彼此协作但又没有等级，"群龙无首"被认为是大吉之相，但是需要经过无数曲折的过程才能实现，比如，"飞空在天"指的是事物发展的鼎盛阶段，"亢龙有悔"指的是事物鼎盛之后的低调，最后才是"群龙无首"的最高境界。

人类自诞生以来，先后经历了几种文明，每一种文明的养成，都需要一个漫长的历史培养，从自然文明转向农业文明，人类用了几百万年；从农业文明过渡到工业文明，人类用了数千年时间；从工业文明转向信息文明，人类只用了几百年；那么从信息文明发展到下一个文明，究竟需要多久呢？我们翘首以待！

参考文献

[1] 百度词条. 工业革命.

http://baike.baidu.com/link?url=fMOfQB-lIsxs2w-fVODPXU1BgIKcdGFE0ECEUapf61dk7tpXbquPN7sXgNz1AyR2emOT7bhsLcPl-YMhwd6CmrGMUGRpg9A6p1483SFhlJ_

[2] 百度词条. 洋务运动.

http://baike.baidu.com/link?url=dAiLSBd1qV_H8iDDZ2RjDXold781xkQ-SyEC1TC2Lm9_oCkXbPD48rtn1tIocbCY3I4Rtja_5k6lCnLkVUo-q_

[3] 百度文库. 德国为什么成为第二次工业革命的策源地.

http://wenku.baidu.com/link?url=CmXvHhwlRW4w5VMA3J8OOq7BsjmV4aBLounpOvi6-c60h5RhJADEkMuQYk3sgYnXaCuBHGy6jC1cqP0fM9iBH9YaxTUNGP0FcrYUHQ_p_Ge

[4] 百度百科. 情感识别.

http://baike.baidu.com/link?url=q4aHw3-ZKVuZ_1z1WmN0svYZAt1svy0BZVdF399TTyF-cE4SpdFo7PzCEx6t9IbQteSPd4mUERqq_zzlbsL65q

[5] 百度百科. 文艺复兴.

http://baike.baidu.com/link?url=Kyy3X1c-1qEgauI1V0PjZhiJb72Zi3xsSOV_hi1xIEOmRqY_T5yfor3WR_iEWLO_Rdnc6HrpwjLUqQG_ovLy-_

[6] 百度百科. 智能家居.

http://baike.baidu.com/link?url=9fL-e8w5E1fwdRjOwlgiqavjhZ2ltz6xCRt87sUE5Pob2HYQilFkqCS8P2sTNfctoL7oy5btQS_z8dOIs7m-Iq

[7] 百度贴吧. 一百多年来德国和日本实力对比的分析.

http://tieba.baidu.com/p/1924579855

[8] 文史哲. 国际财经聚焦：近观德国"工业4.0". 新华网.

http://news.xinhuanet.com/2014-10/21/c_1112910670.htm

[9] 田夜. 军备竞赛美国为什么能拖垮苏联. 天涯社区.

http://bbs.tianya.cn/post-free-3077130-1.shtml

[10] 宋鲁郑. 日本与德国的全方位对比. 天涯社区.

http://bbs.tianya.cn/post-worldlook-545195-1.shtml

[11] 白云帆. 日耳曼民族精神演绎得如此震撼. 新浪博客.

http://blog.sina.com.cn/s/blog_a09724f501015cyh.html

[12] 天下第九. 因为毛泽东，中国终于追上了第三次科技革命. 新浪博客.

http://blog.sina.com.cn/s/blog_3f7be9780101ht5t.html

[13] 29张PPT告诉你移动互联网是如何吃掉整个世界的.

http://www.time-weekly.com/html/20150111/28034_1.html

[14] 王守谦. 能源，第一次世界大战的真正主力.

http://www.m4.cn/space/2010-03/1174475.shtml

[15] 温州制造业谋划升级艰难"求生". 中国证券报·中证网.

http://www.cs.com.cn/app/ipad/ipad01/02/201412/t20141204_4580683.html

[16] 日本电池圈流传：特斯拉危机迟早会爆发. 网易新闻.

http://j.news.163.com/docs/6/2014081120/A3D664QB900164QC.html

[17] 刘鹏. 云计算改变了我们的生活.

http://www.cqvip.com/QK/97175A/201420/662717106.html

[18] 斯塔夫理阿诺斯[美]. 全球通史. 吴象婴等译. 北京：北京大学出版社，2006.

[19] 赵国栋. 大数据时代的历史机遇. 北京：清华大学出版社，2013.

[20] 徐玮. 略论美国第二次工业革命[J]. 世界历史，1989年第6期.